在不如意的人生里
改变自己2

按自己的意愿过一生

张瀚文◎编著

中国纺织出版社

内 容 提 要

人的怯懦和软弱，常常使人们不得不接受命运的安排，只好随波逐流地度过一生。这样的人生，会给人们带来莫大的遗憾。每一个人只有勇敢地改变自己，才能真正做到按照自己的意愿过一生。

本书从心理学的角度，帮助读者朋友们勇敢地剖析自己，直面自己的优势和劣势，也深入自己的心灵，从而赢得自己真正想要的人生。其实改变并不像我们想象中那么难，当我们切实展开行动时，一切都将变得水到渠成。

图书在版编目（CIP）数据

在不如意的人生里改变自己．2，按自己的意愿过一生／张潮文编著．--北京：中国纺织出版社，2017.8
ISBN 978-7-5180-3837-4

Ⅰ.①在…　Ⅱ.①张…　Ⅲ.①成功心理—通俗读物　Ⅳ.①B848.4-49

中国版本图书馆CIP数据核字（2017）第173625号

责任编辑：闫　星　　特约编辑：王佳新　　责任印制：储志伟

中国纺织出版社出版发行
地址：北京市朝阳区百子湾东里A407号楼　邮政编码：100124
销售电话：010—67004422　传真：010—87155801
http：//www.c-textilep.com
E-mail：faxing@c-textilep.com
中国纺织出版社天猫旗舰店
官方微博http://weibo.com/2119887771
三河市延风印装有限公司印刷　各地新华书店经销
2017年8月第1版第1次印刷
开本：710×1000　1/16　印张：16.5
字数：184千字　定价：36.80元

前言

在漫长的人生中，每个人都处于不断的成长之中，也因此变得越来越成熟。然而，蓦然回首，总有人对自己一路走来的脚印感到陌生：这真的是我想要的生活吗？现在的我真的是我想看到的样子吗？

每个人对于自己的未来都有着深深的憧憬。有的人从小立志成为教师，有的人希望当个科学家，还有的人想回到老家当村长，也有人希望像风一样自由自在……总而言之，每个人心目中的人生都是截然不同的。

一个人想要拥有怎样的人生，最终实现怎样的理想，并非完全由客观外界所决定的。尽管看起来我们的命运受到很多因素的影响，但是归根结底，我们的命运掌握在自己的手中，只有自己才是命运的主宰，才是人生的舵手。

人在一生之中总是面临着各种各样的选择，因而也可以说人生就是由形形色色的选择组成的。的确，很多时候人们的命运之所以发生转折，并非在于那些看似生死攸关的重要关头，而是发生于对那些不经意的小事作决定的过程中。人的命运和大自然一样神奇，充满无穷的魅力，也正因为如此，人生对于每个人都充满诱惑，让每个人都欲罢不能。

也许有人会说，我们从出生开始，起点就比别人低，这样一来怎么可能把握自己的命运，与他人平起平坐呢？首先，我们无须与他人比较高低，只要对自己负责。其次，尽管我们的命运起点很低，但是只要坚持不懈地努力，一切就都有可能实现。人生中最让人骄傲的时刻之一，就是实现人生的逆袭。当我们成功改变命运，当我们真正驾驶着生命之舟驶向成功的彼岸，我们会充分感受到自身的力量，也会坚定不移地相信，原来我们真的是命运的主人。

当然，人生不如意十之八九，每个人在人生的旅途中都会遭遇各种各样的坎坷困境。唯有真正的强者，才能超越重重阻碍和困难，战胜人生的绝境，成就最精彩的人生。

这个世界上根本没有救世主，就让我们从现在开始，扬起生命的风帆，努力改变自己，获得自己想要的人生吧！

编著者

2017年3月

目录

第01章 与自己的心灵对话，你想拥有怎样的一生

每个人对于自己的人生都曾有过无限的设想，尤其是年少的时候，更是对未来充满畅想和憧憬。随着年岁增长，人们变得越来越现实，越来越实际，最终也就使心灵渐渐干涸，甚至忘却了初心。然而，人生总是螺旋式上升的，在某一个人生阶段，我们突然想起那些曾经的梦想，再看看自己如今满目苍痍的生活，不由得扪心自问：我想要拥有怎样的生活，我想要度过怎样的人生？所谓不忘初心，方得始终，就是让我们保持赤子之心，清晰地洞察自己的内心。

你是不是也曾有个梦想，把日子过成诗

小时候，每个人都有很多关于人生的梦想，那时候我们还很天真，以为只要自己认真努力，不懈拼搏，就一定能够实现人生所有的梦想。随着年龄渐渐长大，少年时代的我们更是多了几分浪漫，甚至以为人生的未来必然是绚烂多彩的。直到真正长大成人，我们才发现生活的残酷，意识到生活原来就是艰难地挣扎，还有痛苦地忍耐。那些梦想在生活的煎熬中渐渐干涸，甚至被沉浸在心底的最深处，再也不曾提起。然而，终有一天我们会发现，没有梦想的人生更难熬，也必然苦涩。这时候，我们再次想起人生的梦想，却发现一切都变得遥不可及，甚至模糊不清，看不到本来的面目。

其实对于人生而言，即便拥有再多的财富，也抵不上一颗赤子之心。大多数获得成功的人，他们都拥有赤子之心。在漫长的人生旅途中，这些人不管遭受多少艰难坎坷，都能够勇往无前。最重要的是，他们对生活总是满含热爱，因而能够最大限度地拥有完美的人生。

很多人理解的成功人生，都是以金钱名声和权势为标准的。殊不知，真正成功的人生，是拥有内心的淡定平和，也拥有对人生的执着热爱。人生的赢不总是获得，更多时候能够从容放下，才是人生豁达乐观的表现。人生的输也未必是失去，唯有保持一颗生生不息的心，我们才能更加从容地面对得失。总而言之，对于每个人，成功和失败的标准都是不同的，每个人都应该拥有属于自己的人生，而不要盲目羡慕他人的成功。

古人云，“宠辱不惊，闲看庭前花开花落；去留无意，漫随天外云卷云舒。”这样豁达的心境，是每个人都想拥有的，也是需要修炼才能得到的。

很多人都曾把日子想成一首诗，最终却现实一步步地逼近时，发现日子并不是诗，也不可能成为诗。殊不知，日子是顺遂还是坎坷，在于我们的内心。正如一位名人所说，这个世界上并不缺少美，缺少的只是发现美的眼睛；我们也要说，这个世界上并不缺少诗意和浪漫，缺少的是拥有诗意和浪漫的心。假如我们始终能够怀着诗意看待生活，生活必然变得更加浪漫；就像我们怀着爱看待自己喜欢的人一样，总是把他们的缺点也看成优点。这就是生活的神奇和魅力。

如今，网络上流传着一句话，叫生活不止苟且，还有诗和远方。其实，诗并非都在远方，而更多地在我们的心里。只要保持一颗充满诗意的心，即使不远走，我们也能够寻找到诗意和浪漫，也能赋予生活更加美丽的模样。

诗意的生活必然是幸福的，然而每个人对于幸福的定义却不尽相同，甚至相去甚远。举个最简单的例子，一位富翁赚了很多的钱，对他而言只是账面上的财产数增加了而已，不能给他带来任何切实的幸福。相反，一个乞丐在凛冽寒风中乞讨，得到了一碗热粥，他喝完这碗热粥感到非常幸福，甚至比富翁赚取了金钱更觉幸福，这就是幸福与金钱和物质之间最本质的关系。它们并不像我们所想的那样呈正比，有的时候还恰恰相反，即金钱和物质的增多甚至会给人们带来更多的烦恼。归根结底，人活着就要讲究心态。唯有保持积极乐观的心态，我们才能得到更多的幸福和快乐。可以说，快乐幸福的人生原本就是一首诗，一首美丽浪漫的诗。

当然，人生并不总是一帆风顺的，也不会像人们所期盼的那样永远顺利。面对命运的坎坷，我们唯有保持淡然的心境，兵来将挡，水来土掩，才能享受人生的平静。一惊一乍的人是不可能得到命运善待的。

要想拥有诗意的人生，还要注意不能斤斤计较。很多时候，不能顺遂如意是人生的常态，我们即便吃了亏又有什么关系呢，正所谓吃亏是福。还有的时候，我们会走很多弯路，在这种情况下，我们与其抱怨人生曲折，不如随遇而安，看看沿途更多的风景，也许能够给予自己与众不同的体验。很多时候，我们遭遇人生的困境，当时觉得自己简直难以熬过去，事后才发现那只是人生中一个很有锻炼意义的时刻，也帮助我们努力提高了自己。曾经有记者采访百岁老人的人生感悟，这个老人只说了一个字——“熬”，恰恰是这个字道出了人生的真谛。的确，面对困难时，即便觉得自己无计可施，也要顽强不屈地熬下去，使其成为人生中最宝贵的经历。

人生就像是一首旋律优美的歌，时而低沉，时而高亢，时而平缓，时而湍急。作为自己人生的主宰，我们必须调整好自己的心态，让自己拥有诗意的心灵，才能找到人生诗意的栖息地。

努力奋斗，是为了可以有更多的选择权

让自己多一些选择，这才是我们奋斗的本质意义。也正因为如此，尽管现代社会有很多人都觉得上大学没用，也挣不到更多的钱，找工作还很困难，但目光长远的父母们依然会坚定不移地支持孩子们上学，追求上进的孩子们也会排除万难继续坚定不移地读书。这就是奋斗的动力。其实在人生之中，不仅努力读书能够改变命运，奋斗也可以以多种多样的形式和意义出现。例如，开创自己的事业是奋斗，在平凡的岗位上坚持不懈地努力是奋斗，当人生遇到困难和阻碍时坚定不移地执着往前，也是奋斗。总而言之，我们既然行走在人生的路上，就应该永不放弃，勇往直前。只有一直奋斗，

我们的人生才能拥有更多的机会和契机，也才能以更好的状态面对未来。

前几年，关于北大毕业生回家卖猪肉的事情被炒得沸沸扬扬，不管是传统媒体还是网络都对此事进行了报道和宣扬。也许有人会说，既然是卖猪肉，不读书也可以卖猪肉啊，又何必浪费那么多年的时间和父母的金钱呢！此话差矣。一个从未读过书的人，卖猪肉也许就是为了谋生，为了养家糊口；而北大毕业生作为一个有理想、有思想、也有胆识、有谋略的时代新青年，对于卖猪肉这件看似简单的事情实际上却很有想法，也有创见。可想而知，他最终必然从卖猪肉这项工作中获得比普通人更大的成功，人生也会因此拥有丰硕的收获。

不能否认的是，人站得越高，也就看得越远；人越是优秀，也就拥有更多的选择。我们往往羡慕那些成功者人前的光鲜亮丽，在选择时游刃有余地潇洒随意，却没有看到他们背后实际上付出了数倍于常人的努力，也因而才取得了如今的成就。所以朋友们，要想获得成功的人生，要想得到命运的馈赠，我们首先要做的就是提升自己，完善自己，让自己变得越来越优秀。虽然每个人也许生而并不平等，但是只要我们后天持续努力，总能够弥补起点，甚至反超他人。

为了改变命运，就让我们努力奋斗吧！在人生路上，只有不停奔跑着的我们，才能得到命运的青睐和馈赠，也才能成就属于自己的辉煌人生！

你现在的焦虑，不过是对未来的恐惧

在现代社会中，每个人都对焦虑毫不陌生，从某种意义上说，焦虑甚至已经席卷全社会，成为如同感冒发烧一般常见的症状。的确，你没看错，焦虑就是一种现代社会病，也是一种症状。从心理学的角度而言，焦虑本质上是一种心理状态，通常是因为实际行动与预期有一定差距而产生的负面情绪。正是因为心比天高，命比纸薄，理想很丰满，现实很骨感，所以人们焦虑的状态才越来越严重。可以说，现代社会的大多数人几乎无时无刻不被焦虑折磨。

随着学业压力的增大，不仅孩子们越来越感受到焦虑，成年人也成为焦虑的载体。尤其是那些上有老、下有小且人生和事业都处于关键期的中年人，更是承受着巨大的压力，也因为焦虑倍增，很多中年人都面临人生窘境。那么，人们为什么会感到焦虑呢？心理学家经过研究发现，人之所以会焦虑，实际上是因为对未来的恐惧。

在通常情况下，越是未知的东西，人们因此产生的焦虑也就越严重。没有人喜欢毫无把握的感觉，尤其是人生，这是一场没有归途的旅程，往往一旦错过，或者做错，就再也无法弥补、逆转。因而大多数人的焦虑都来自于对未来的未知和恐惧，尤其是那种待定的感觉，更是让心理脆弱的人们感到无所适从。假如有人告诉我们："你的人生肯定会飞黄腾达，一帆风顺。"听到这些，我们还会焦虑吗？只怕会无比惬意且心安地坐等成功的到来，更是会始终保持心情的愉悦。

尽管人人都说要成为命运的主宰，然而这并非容易且简单的事情。尽管我们总是祝福他人心想事成、万事如意，但是人生总是不能让人如意。尤其是在面对命运的坎坷和挫折时，很多人就更加焦虑不安。殊不知，一味地焦虑并不能很好地解决问题，唯有冷静下来理智思考，才能帮助我们厘清思路，从而作出正确的选择。

假如人生一直保持现状，每一天都如同今天一样普通而又平凡地度过，那么即便岁月静好，人生也会变得索然无味。其实，人生独特的魅力正在于未知，就像是在探索一个神秘世界一样，每一天都是新鲜而又充满诱惑的。当我们能够摆正心态，坦然面对未知的未来时，也许我们的焦虑便会随之减轻，这样，人生的幸福和快乐也会变得更多。

在通常情况下，人们焦虑的都是一些微不足道的小事情，诸如是否换工作，是否买大房子，是否把家里的老人接来一起生活，是否会因为工作上的特立独行失去工作，是否需要再生一个孩子……总而言之，这些待定的事情给了我们无穷的压力。细心的人会发现，其实很多事情都是在没有确定下来时让人纠结，倘若我们能够在综合考虑之后果断作出决定，由此而生的焦虑就会减轻很多。

在这个时代里，没有任何人能够成为一座孤岛，相反，每个人都是社会成员，都要与其他社会成员之间产生必然联系。在这种情况下，我们与其把焦虑不安传染给他人，不如让自己成为一个拥有正能量且受人欢迎的人。也许我们的人生从小就被父母安排，也被老师主宰，然而我们终究要独自面对人生，成为顶天立地的人。也许随着角色的转化，我们也会成为丈夫或妻子撑起家庭，也会成为孩子的父亲或者母亲为他们遮风挡雨，还会成为父母老来的依靠给他们拿主意，更会成为工作单位里的顶梁柱，博得上司的赞许和赏识……总而言之，我们必须顶天立地，才能撑起属于自己的人生。

人生并非一条笔直的大路通往前方，很多时候我们都会面临人生的三岔路口，也会面临人生的十字路口。在艰难抉择的时候，没有人能够保证未来一定会朝着我们预期的方向发展，因而不管作何选择我们都要学会为自己负责。古人云，兵来将挡，水来土掩，如果我们也能抱着这样的态度生活，相信人生就会多些从容不迫，少些紧张局促。

我们都是普通人，作为一个小人物，我们的心中却有着不切实际的英雄梦。当现实过于残酷，也与我们曾经充满诗意和浪漫的梦想形成强烈对比时，我们也许会退缩不前。然而，停滞不前的人永远无法领略人生的风景，我们必须更加努力向上，才能得到最无怨无悔的人生。

朋友们，从此时此刻开始，就让我们张开双臂迎接未来吧！那里既有风雨也有朗朗晴空，既有失败也有成功的喜悦和荣耀，只有接纳命运赐予的一切，我们才能成为真正顶天立地的强者。

了解自己内心最真实的渴望

现代社会物欲横流，越来越多的人在对权力和名利的追逐中起起伏伏，迷失了自我。更有甚者，他们内心不断膨胀，失去了对亲情、爱情和友情的执着，最终变得眼睛里只有钱。这样的苍白人生，实在让人倍感遗憾。

也有一些人虽然没有被物质的欲望俘虏，却迷失了初心。他们原本对于人生有着美好的憧憬，充满了理想，却在物欲的沉沦中渐渐失去自我，也使得人生失去方向。每当看到那些成功的人，尤其是他身边的人获得了巨大的成功，羡慕嫉妒恨总是使他马上恨不得也照搬别人的成功，却完全忘记了那是别人的成功，不是自己的。

很多人都觉得人生特别迷惘，有些人挣了很多钱却不觉得快乐，有些人得到了成功却感到很空虚，这都是因为不了解自己内心导致的。也许有人会说，我是最了解自己的，难道我还不知道自己的内心想怎么样吗？事实并非如此。我们看似对自己很了解，实际上并不是真的了解。很多时候，我们只是熟悉自己而已，但是对于自己内心深处的想法，尤其是潜意识里的想法，往往并不明了。细心的人会发现，在很多影视剧中，有很多男女主角明明已经爱上了一个人，却因为不明白自己的内心，往往直到要失去的时候才惊醒，然后再去积极地挽回感情。人们不仅在感情方面如此，在很多方面都是如此。人们自以为了解自身的想法，却没有想到自己的内心也有潜意识，自己对自己也会有一定的欺骗性和蒙蔽性。因而我们只有更加客观理智地分析和评价自己，才能更好地洞察自己的内心，从而更加真实地面对自己的人生。

作为美国标准石油公司的大老板，洛克菲勒的人生在所有人眼里都是光辉璀璨的。33岁那年，年轻的洛克菲勒赚取了人生中的第一桶金——1000万美元。在随后的十年里，他就像是一个旋转不停的陀螺，一刻也未曾放松对梦想的追求。终于在43岁时，他拥有了自己的人生帝国，成立了标准石油公司，成为世界上最大的垄断企业。然而等到人生又过去一个十年后，53岁的洛克菲勒感觉身体状况每况愈下，他不但开始大量掉头发，甚至连眼睫毛都快掉光了，为此，曾经有人觉得他像是一个活着的木乃伊。最终，医生们判断他因为长期过度紧张，患上了严重的脱毛症，为此，光秃秃的洛克菲勒不得不给自己定制了很多假发，这使他感到烦恼无比。他的背也过早地驼了，使他看上去就像是个沧桑的老人。最终，为了金钱失去所有的人生快乐，甚至与唯一的弟弟也闹翻了的洛克菲勒，开始反思自己的人生。他决定以不同的方式度过后半生，因而他从53岁开始突然就像变了个人似的，果断地退休，不再为了工作的事情拼命，而是选择轻松愉快地享受生活，善待自己。从此之后，他再也没在吃饭的时候讨论过让人厌烦和压力倍增的工作，这使他已经被医生宣判死刑的人生获得彻底改变，他也顺利活到了98岁的高龄。不得不说，洛克菲勒的前半生把生活的意义和工作彻底搞混了，他活着似乎就是为了工作，为了赚钱，直到医生给他敲响警钟，他才意识到工作只是生活的手段，享受才是人生真正的目的。

像洛克菲勒一样前半生拿命换钱，后半生拿钱买命的人，在现代社会也有很多。在任何情况下，我们都不能把工作和生活的意义本末倒置。毕竟洛克菲勒在需要拿钱买命的时候还是有很多金钱可供支配的；而作为普通人的我们，只能把健康摆在第一位，否则真的等到身体报警，只怕悔之晚矣。

尤其是在熙熙攘攘的大城市，很多人都在困惑不解中挣扎着面对人生。有些人为了理想视金钱如粪土，有些人为了挣到更多的钱改变初衷，放弃人生的理想。其实不管我们采取哪种方式对待人生，归根结底都是要拥有充实的人生。唯有在生命即将结束时，能够坦然对自己说：“我无愧于自己的一生。”这样的人才称得上真正无愧人生，也才是人生的赢家。

人生一世，草木一秋，人生其实是非常短暂的。因而我们更要遵循自己的内心，不要违心地对待人生。否则，就算你一直在逃避和退缩，命运也绝不会让你一帆风顺。与其如此，不如放开手脚痛痛快快地活着，何尝不是人生的畅意和洒脱。

任何时候，我们内心的方向都是人生的引航灯，只有保持对内心的尊重和顺从，我们的人生才不会委屈，才能拥有豁达和快乐！朋友们，人生苦短，从现在开始就按照内心的旨意行事吧。也许你会发现，在你的大步流星中，人生反而迎来了柳暗花明又一村的美好和惊喜！

有些“努力”值得肯定，但不一定值得推崇

众所周知，我们的人生必须努力，才能有所收获。假如我们一直没有努力过，更不曾为了梦想而拼搏，那我们的人生一定苍白无力，也白白浪费了宝贵的时间。值得注意的是，现代社会人们的拼搏精神都很强，尤其是对于很多父母而言，为了不让孩子输在起跑线上，更是从孩子还在娘胎时就想方设法地给孩子更高的起点，希望借此帮助孩子赢得人生的先机。最终，孩子非但没有成才，反而因为不堪重负导致无法正常发展，这样的结果让人唏嘘。我们小时候就学过拔苗助长的故事，再想想现在这些父母们帮助孩子超前成长，又与拔苗助长有何区别呢！记得曾经看过一档少儿类选秀节目，一个五六岁的小女孩和妈妈一起表演舞蹈，跳得比妈妈更好，后来姥姥出场，面对嘉宾的赞赏，姥姥毫不掩饰地说了这个小女孩的成长经历，小小年纪的

她居然在上幼儿园之余，每个星期都要上十几节课外班，连周末都没有片刻放松。后来嘉宾也真诚地提醒妈妈和姥姥：“每个孩子都有其成长的自然规律，不要为了孩子的成才，就剥夺她这个年龄段应该享受的无忧无虑的童年。”尽管嘉宾的话让妈妈和姥姥略显尴尬，却道出了真理。妈妈和姥姥望女成凤，努力值得肯定，但是方式却不能被推崇。想想几十年前的孩子们拥有的童年吧，再看看现在的孩子们，也许你会感到莫名的心疼和悲哀。

除了对待孩子之外，因为渴望成功，很多成年人在成功的道路上也不知不觉地走偏了。他们可以为了成功不择手段，甚至不惜伤害身边的同事、朋友。不得不说，这样的行为是为人所不齿的，既不应该被肯定，也不应该被提倡。当然，还有些人虽然利欲熏心，但是还保持着做人的原则和底线，所以他们并没有伤害他人。但是他们违背了自己的初心，最终导致偏离人生的轨道，也使得人生充满了遗憾。

大学毕业之后，学习法律专业的张鹏一时之间找不到合适的工作，又不愿意去律师事务所当一个小小的助理，因而放弃大城市的生活，选择回到家乡的小县城，想在父母的安排下考取公务员。为了让张鹏能够考上公务员，父母四处托关系塞钱，想尽一切办法，张鹏自己也努力复习，争取考出好成绩。在全家人都费了九牛二虎之力后，张鹏终于如愿以偿地考取了公务员，从此人生成为定局，日子暂时来看也算一帆风顺。

十年之后的大学同学聚会上，张鹏俨然人到中年，也已经成家了，肚子微微凸起，头发也有些掉顶，一看就是一个小小的领导，过着衣食无忧的生活。原本感到自我满足的他，再看到意气风发的同学们时，不由得自惭形愧。原来，毕业十年，他的那些同学已经完成最初的积累阶段，不管是从财力还是从经验上，都渐入佳境。他们现在或者是律所的首席律师，或者已经成为律所的合伙人，成为真正意义上的老板，或者正在准备出国。总而言之，他们个个精神抖擞，神采飞扬，和张鹏按部就班、死气沉沉的状态截然不同。面对同学们客套的羡慕，张鹏惭愧地说：“当时的确费了九牛二虎之力才考上公务员，但是现在却被你们甩下了十万八千里啦！”的确，大多数同学的人生绚丽画卷刚刚展开，张鹏一劳永逸之后却如同进入暮年，人生再无任何新鲜可言。

在这个事例中，张鹏考入公务员的确费了很大的力气，但是他的一劳永逸最终扼杀了他对人生的激情和创造力，最终使他在人生的按部就班中老态龙钟，和同学们的意气风发截然不同。人生，是一场修行，付出得多，也就感悟得更加深刻。倘若一味地选择保守，使自己变得如同囚笼中的困兽一样，人生也就会渐渐老去，失去旺盛的生命力。

我们不能否定张鹏的努力，毕竟每个人的追求都不相同，对于成功的定义也不尽相同，然而我们更加推崇张鹏的同学获得的人生。因为他们的手中紧紧握着命运，也因而成为命运的主宰，可以做到四海为家，心安是归处。朋友们，你想要拥有怎样的人生？从现在开始，就确定人生目标，然后向着目标不懈努力吧！

第02章
为什么害怕改变？是因为你缺乏勇敢的心

没有人的人生会是一帆风顺的，当人生遭遇坎坷挫折时，有人选择逃避，最终成为怯懦的弱者；有人选择坚强地面对，由此成为人生的主宰，掌握自己的命运。其实，很多人的人生之所以艰难落魄，并非因为他们能力不足，或者有所欠缺，而只是因为他们没有一颗勇敢的心。

你到底在害怕什么

当人们陷入恐惧之中时，难免会产生悲观消极的心理，导致心情备受压抑，人生也阴云密布。为什么人们会感到恐惧呢？心理学家经过研究发现，恐惧的根源其实在幼年时期。尤其是在人生观、价值观形成的关键时期，假如孩子们的价值观受到威胁，就会产生一定的后遗症，导致心底里有难以排遣的恐惧。因此现在很多教育学家都指出，一定要给孩子安全愉悦的童年。曾经，有心理学家对恐惧进行了分类，一种恐惧是源于害怕被拒绝的心理，还有一种恐惧则是因为害怕成功。

很多孩子小时候都曾有过遭受批评的经历，父母或者老师对他们的批评越是声色俱厉，他们的恐惧心理也就越是深刻。有的时候，同伴的批评也会让他们对自己产生否定心理，由此批判自己，反思自己，也质疑自己。因为同伴对于孩子而言更重要，也因为同伴身上总是有孩子的影子，所以很多孩子都特别在乎同伴的评价，从这个意义上来说，同伴的评价会对孩子起到更加重要而又深远的影响。当不正当的批评把孩子们与错误的自我认知联系在一起时，他们的人生就会受到影响，即便长大成人也很难消除，由此成为他们恐惧的根源之一。相信大多数孩子回忆起自己小时候的经历，都伴随着父母、老师或者小伙伴的批评。尤其是很多父母在教育孩子的时候，往往带着威胁的意味，诸如“你再不吃饭我就把饭拿走，你就不能吃了”“你再不听话，妈妈就不要你了”，此类的恐吓和威胁，时至今日依然充斥着孩子的生活。还有些父母或者老师会给孩子贴标签，诸如“你真笨”“你不擅长唱歌”等，也许在成人的世界里只是一句无关轻重的无心话，但是因为孩子的认知能力发育不够完善，因此这样的标签很容易导致孩子沮丧绝望，甚至觉得自己压根不可能成为一个优秀的人，因而心中总是惴惴不安。

总而言之，一个人的行为习惯绝非一朝一夕就能养成的，在大多数情况下，习惯都是从点点滴滴养成的。只有给孩子营造积极乐观、充满肯定的成长环境，孩子们长大之后才能充满信心，坚决果断。否则，他们就会在持续的否定之中变得根本不敢按照自己的心意去生活，去作出决定，更不敢随心所欲，因为他们很担心自己稍不留意就会被人否定、拒绝和批评，最终导致他们畏手畏脚，丝毫不敢引起他人的注意。这就是“害怕成功”。

一直以来，父母对于林曼的教育都秉承中庸之道。因为父母都是老老实实的普通人，他们一生之中从未做出过惊天动地的大事，更没有过辉煌的成就，由此一来，他们也不愿意让孩子过于扎眼，而只想让孩子拥有平淡幸福的人生。正是在这样的教育中，林曼一直以来都默默无闻，尽管她很优秀，却非常内敛，从不觉得自己优秀，更不觉得自己可以做到出类拔萃。

有一次，学校举行作文比赛，老师原本想让林曼代表班级参赛，不想林曼却拒绝道：“为什么让我参加作文比赛呢？要是比赛输掉了，岂不是很丢人？要是比赛成功了，我可不想被大家关注啊！”就这样，不管老师好说歹说，林曼就是不肯代表班级参赛。无奈之下，老师只好找到林曼的父母，让他们给林曼做思想工作。不想，林曼妈妈也不以为然地说：“小孩子只要学习好就行了，参加这些乱七八糟的竞赛招人耳目也没有什么好的，她不参加就算了吧。”听了林曼妈妈的话，老师不由得苦笑：“林妈妈，难怪林曼有这样的思想，都是因为受到你的影响啊！其实你想错了，现代社会竞争激烈，一个人如果是人才，有能力，就必须展现自己的实力。否则，一味地沉默寡言，即使有能力也不表现出来，怎么能得到他人的欣赏和认可呢！现代社会可不是酒香不怕巷子深啦，而是需要我们做好推销工作，顺利把自己推销出去呢！”在老师的一番启发下，林曼妈妈才有所感悟，不过林曼不喜欢成功，更害怕出人头地的习惯，可不是朝夕之间就能改变的。

老师说得很对，现代社会不再推崇酒香不怕巷子深，而是要求人们全力做好营销和推销工作。哪怕只是简单的应聘找工作，我们也必须努力推销自我，展示自我，从而顺利找到心仪的工作。

不管是在生活还是在工作中，人们都渴望成功，又都有不同程度的拖延症，最主要的原因是害怕为了成功必须进行各项准备工作，也害怕让自己过于辛苦。然而，这样的逃避和退缩却使人们进入恶性循环之中，从缺乏自信到畏缩恐惧，再到更加失去自信，整个人生都会变得黯淡无光。朋友们，要想帮助自己更好地拥抱人生、创造未来，我们必须帮助自己战胜内心的恐惧，这样才能拥有灿烂明媚、勇往直前的人生。

人生是勇敢者的天堂

对于弱者而言，即便只是遇到小小的困难，也会让他们感到泰山压顶般的窒息无力和深刻恐惧。相反，对于强者而言，他们恰如暴风雨来临前的海燕，在海面上不停地翻飞，丝毫感受不到畏惧，反而有着挑战困难的决心和勇气。其实人生也是如此，在每个人的客观条件都相差无几的情况下，为什么有些人的人生是成功的，而有些人在一生之中注定与失败相伴？究其原因，就是因为每个人对待困难的态度不同，也就直接决定了人生的状态不同。

成功总是青睐强者，因为强者无畏人生的风风雨雨，能够始终踏着泥泞风雨无阻地前行。成功不喜欢弱者，因为弱者除了抱怨，就是胆怯、退缩，因而也就无法成功地展开人生的画卷。毋庸置疑的是，没有人的人生会

是一帆风顺的，任何人的人生都必然要经历坎坷挫折和重重磨难，最终才能让人生的格局从局促逼仄，到开阔敞亮。很多时候，弱者只是在艰难地熬生活，而从没有主动生活。他们尽管对未知的未来充满恐惧，却从来不知道如何主动迎接未来的到来，而只是一味地被动接受。也正因为如此，弱者被自己怯懦的心灵禁锢住了，他们从不敢离开自己熟悉的领地，更不敢无畏地拓展自己的领地。人生只有对于强者而言才是天堂，强者非但不会因为人生的未知感到局促不安，反而因此对人生充满好奇和渴望。

强者知道，人生不但是一场没有归途的旅程，更是一场充满挑战和冒险的旅程。然而未知的旖旎风景在向他们招手，即便眼下的这一刻四周的风景多么美妙，也无法留住他们不断探索的脚步和自由自在的心灵。只有我们勇敢无畏地挑战人生，人生才是鲜活的存在，也才能迸发出无限的可能性。

相信任何人都难以想象出美国大名鼎鼎的法官库伯年轻时是一个多么胆小怯懦的人。原来，库伯出身贫寒，父亲是个裁缝，母亲则是个普通的家庭主妇，这也就注定了他们只能住在贫民窟里，而且一贫如洗。因为家里没有钱买煤块取暖，所以库伯从小就拎着一个破破烂烂的筐去附近的铁路上捡火车上掉落的煤渣，这让他觉得无比自卑。为了避免被同学们看到他的囧样，他常常绕道而行，从不为人知的小路穿过。然而，同学们还是很快发现了库伯的所作所为，因而他们等在库伯的必经之路上，竭尽所能地羞辱他，嘲笑、讽刺他。有的时候，他们还会欺负他，把他辛辛苦苦捡到的煤渣撒得到处都是，可想而知，童年时期的库伯始终生活在自卑和恐惧的阴影中。

一个偶然的机会，库伯读了《罗伯特的奋斗》这本书。在这本书里，他看到了一位和他出身相似的少年，始终没有向低微贫贱的生活低头，而是不屈地奋斗着，最终战胜了一切困难，成为人生的强者。从此之后，库伯爱上了作者赫拉修，他总是想法设法地借来赫拉修的书，然后如饥似渴地读完。在几个月后的有一天，库伯再次去捡煤渣，当看到三个鬼鬼祟祟的身影跟在他的身边，企图再次欺辱他时，他原本情不自禁地想要逃跑，最终却勇敢地抓起煤筐中的煤渣，就像一个真正的英雄一样勇敢无畏地朝着那三个身影走过去。这场硬仗之后，库伯彻底扬眉吐气，再也不害怕任何人的欺辱了。从此之后，他的人生字典中再也没有恐惧二字。

库伯的成长经历决定了他的自卑胆怯和懦弱，然而，在受到书中人物的鼓舞之后，他的精神世界越来越充实。也因此，精神上的高大让他成长为真正的巨人，也使他在备尝生活的艰辛之后，变成了人生的强者。

假如我们总是畏惧外部的力量，那么我们的内心就会陷入深深的恐惧之中，最终失去自信，失去尊严，也使人生陷入恶性循环之中。如果从坚强与怯懦的角度来划分，在这个世界上只有两种人，一种人意志如钢，一种人意志软弱。毋庸置疑，意志如钢的人才能主宰自己的命运，也才能成为世界的主人。相反，后者即使连自己的命运也无法掌握，更别说成就人生的辉煌了。当这两种人组成了这个世界，立刻就会区分出不同的层次来。所以朋友们，人生永远是勇敢者的天堂，要想在人生之中叱咤风云，从现在开始就让自己变得勇敢坚强起来吧！

胆小慎微也许反而适得其反

契诃夫的小说《套中人》的主人公别里科夫是一个非常胆小谨慎的人，简直连只蚂蚁都不愿意踩死，更不愿意得罪人。正是他的谨小慎微，导致他表面上看似遵纪守法，实际上只是害怕变革、助纣为虐的沙皇制度维护者。也因为他时时处处都多加小心，甚至连大气都不敢喘，所以他给所有人的感觉就是“喘不上来气”，也因此，他和所有与他一样的旧势力严重阻碍了社会的发展和变革，也成为阻止新时代带来的桎梏。

现代社会，也不乏别里科夫这样的人。尽管未雨绸缪对于人生是有积极作用的，但是过分的未雨绸缪则会成为杞人忧天，也会阻止人们不断向前。我们都知道人生不可能一帆风顺，很多情况下需要我们主动出击，无所畏惧才能占据人生的主动。胆小慎微者则恰恰相反，他们总是被动地接受命运的安排，即便在灾难临头时也不能英勇无畏，而是一味地接受命运的摆弄。殊不知，我们在人生之中遇到的一切困难，既是挑战，也是一次次崭新的机遇，能够帮助我们借此机会攀登人生的新高度。在这种情况下，一味地退缩避让，只会令我们错失良机，也会使得我们的人生止步不前。如此下去，我们必然会因为失去信心，导致人生不进则退。

从某种意义上说，胆小慎微甚至比鲁莽行事更可怕。归根结底，鲁莽行事还能帮助我们勇往直前，甚至在我们一路往前冲的过程中帮助我们得到更多的机会。然而胆小慎微则未必如此，虽然它能帮助我们规范自身的言行举止，也帮助我们更加稳妥行事，但是在避免失败的过程中，它也同时剥夺了我们一切成功的可能性。其实任何事情都不可能在没有真正发生的情况下预知结果，只有大步向前，我们才能取得实质性的进展，也才能让局势更加明朗化，也帮助我们认识到行动的重要性。

雷·克罗克在美国芝加哥经营纸杯生意，也销售搅拌麦乳精的机器。因为经营有方，尽管生意不大，但是他的盈利不错。有一次，麦当劳兄弟餐厅向他订购了八台机器，用于餐厅里的生意。这让他敏感地意识到，麦当劳兄弟的餐厅看似不起眼，只是个小小的快餐店，但是居然整日顾客盈门，生意火爆。有的时候，因为饭点排队的人太多，麦当劳兄弟不得不专门雇佣保安，以维持人们排队点餐和等位的秩序。

有了这个让人惊讶的发现之后，雷·克罗克马上产生了一个大胆的想法。他认为麦当劳兄弟餐厅蕴含着巨大的商机，因而他打定主意要不惜一切代价入股麦当劳兄弟餐厅。尽管他这一疯狂的举动遭到家人、朋友的一致反对，但是他却毫不犹豫地在最短的时间内向麦当劳兄弟提出，假如他们愿意把麦当劳兄弟餐厅的经营权特许给他，那么他愿意付出自己公司一半的股份作为代价，而且会把此后每年经营麦当劳餐厅收入的5%作为利润，回报给麦当劳兄弟。很快，麦当劳兄弟就接受了雷·克罗克的优厚条件，与其签订了合同。就这样，麦当劳快餐在他们的全力打造下，成为快餐业的一块金字招牌。在雷·克罗克犀利独到的商业眼光下，在他英明睿智的决策下，麦当劳连锁快餐很快就拥有了280家门店，而且雷·克罗克也因此成为麦当劳的第二代掌门人，并且成为当时举世闻名的大富豪。

从雷·克罗克的事迹中，我们不难看到他英明果敢的品质。其实，在人生之中，只有事情已经成为过去式，我们才能知道当时是否是好时机。在事情尚未发生或者正在发生时，作为当局者，我们往往很难看清楚现状。因而要想抓住千载难逢的好机遇，我们就必须当机立断，就像雷·克罗克一样，他之所以能够抓住机会，就是因为得到了麦当劳兄弟搅拌机的订单，又由此作出了英明决策。

人生最怕的就是犹豫不决，这不但会贻误很多宝贵的时机，也会使我们的内心充满焦躁不安，最终信心全无。正如一位名人所说的，危机与机遇总是并存的，只有意识到这一点，我们才能在危机到来时毫不犹豫地抓住机会。正所谓凡事有利皆有弊，风险越大，也就意味着收益越高。因而，我们必须不惧怕危机，不要过度胆小慎微，而要该出手时就出手，这样才能让人生在最佳时刻产生质的飞跃！

超越自我，才能打破囚牢

一个人如果总是胆小怯懦，遇到事情时踌躇不前，那么他永远也无法获得出路，更别说看到成功的曙光了。过度的胆小就像是一个无形的牢笼，把我们紧紧地束缚住，使得我们在人生需要展翅翱翔时，根本无计可施。当然，一味地羡慕高空中的雄鹰也是不现实的，毕竟每个人都有自己独特的能力，都是与众不同的个体。因而，我们必须准确认知自我，超越自我，才能客观评价自我，打破限制自我的囚牢，使得自我得到最大限度的发展。

细心的人会发现，生活中常常有些人经历相似，然而他们最终的结局却不尽相同。究其原因，就是因为他们对待人生的态度不同，这也就导致他们截然不同的命运。诸如有些人在面对困难时，能够一往无前，不怕风雨泥泞，也要坚持前行。相反，有些人哪怕只是遭遇小小的坎坷和挫折，也会马上偃旗息鼓，裹足不前。尤其是当事情的态势不明朗时，有些人宁愿冒着失败的风险也要寻找出路，有些人则像鸵鸟一样把自己深深地埋藏起来，让自己不断地逃避，直到失去所有机会。这样的人，怎么可能获得成功呢？

举例来说，胆怯和懦弱就像人生的枷锁，让人根本无法自由地展开行动，也使人的信心渐渐消失，最终不得不听天由命，随遇而安。假如我们在人生途中总是任由胆怯摆布，总是被动地在胆怯之中等待命运的裁判，那么我们的人生一定会像即将熄灭的烛火一样不停地摇曳，即便微弱的气息也能将其熄灭。胆怯的人总是自我否定，还谈何信心呢？信心，恰恰是所有人得到成功的必备素质之一，也只有昂首挺胸的人生，才能走出阳关大道。纵观古今中外，每一个有所成就的人都是战胜了胆怯的人，正如古人所说的，一屋不扫何以扫天下，我们也要说一个人如果连自己都不相信，又怎么可能得到全世界！

在契诃夫笔下，切尔维雅科夫是个小小的庶务官。一直以来，他做人都胆小谨慎，从来不敢得罪任何人。有一次，他去剧院看戏，不小心打了一个喷嚏，把大量的唾沫星子都喷到了前面一个秃头老头的头上和脖子上。看得出来老头很生气，马上就掏出手绢来使劲地擦拭油光锃亮的脑袋和脖子，嘴里还愤愤不平地咒骂着什么。正当老头一转头的工夫，他发现老头是布里扎洛夫将军，不由得心惊胆战。

“得罪了将军，这可怎么办呢！尽管布里扎洛夫将军在交通部门工作，并不直接管辖我，也不是我的顶头上司，但是这还是太糟糕了。”想到这里，切尔维雅科夫马上给将军道歉：“将军大人对不起，我真的不是故意的，实在是没控制住……”将军宽容地说：“没关系。”切尔维雅科夫却不依不饶：“上帝保佑，您可一定要原谅我啊。您要相信，我真的不是故意的……”“好啦，别说啦，都耽误看歌剧啦！”将军显然有些不耐烦。切尔维雅科夫更加心烦意乱，他虽然瞪着眼睛盯着舞台，但是根本不知道接下来都表演了什么。他心中越来越忐忑，总觉得得罪了将军，因而在中场休息时再次找到将军道歉，将军厌烦地说：“小事一桩，我都已经忘记了！”

整场演出结束，切尔维雅科夫依然胆战心惊，回家之后，他把这件事情告诉妻子，妻子建议他：“得罪了将军可不是闹着玩的，我觉得你的道歉不够正式，你明天还是再专程去道歉吧。”他觉得妻子说得很有道理，因而次日清晨早早起床，再次来到将军的办公室。当时，有很多人都在将军的接待室里等待接见，他刚刚看到将军走进接待室，就马上慌里慌张地说：“实在对不起，我昨天在剧院不小心打了个喷嚏，真是抱歉，希望您能原谅我……”不等他把话说完，将军就突然怒吼道：“上帝啊，你真是废话连篇，能不能不要再来烦我了！”将军真的生气了，他失魂落魄地走出将军的接待室。直到将军接待完所有人，他再次冲进接待室对将军说：“将军，我真的很抱歉……”“滚！”将军怒目圆睁，恨不得马上把他赶出去。那一瞬间，他感到自己的心里有某件东西稀里哗啦地碎了，他艰难地回到家里，躺在沙发上再也没有醒来，他被活活吓死了。

在契诃夫笔下，小公务员切尔维雅科夫胆小怯懦的形象被刻画得惟妙惟肖。他并非是被将军吓死的，而是被自己吓死的。他在生活中一定是个面面俱到的老好人，不管是与家人还是同事都能相处良好。然而他实在是太胆小了，原本只是一件无关轻重的小事，却因为他始终牢记于心，无法释然，因而演化成大事，导致他失去了生命。

在现实生活中，有很多人都会低估自己，把自己看得卑微到尘埃里。殊不知，要想客观评价自己，打破内心的囚牢，我们首先要做的就是正确评价和衡量自己。一个人既不应该妄自菲薄，也不应该妄自尊大，而应该公正客观对待自己，这样才能让自己充满自信，也更完美地处理好人生中的各项事宜。

人们常说，自信心是一切成功的必备因素；我们也要说，唯有自信才能让我们从平庸到伟大，从默默无闻到璀璨夺目，从平淡无奇到获得成功。唯有拥有自信的人，才能更加积极主动地对待人生，也才能赶走人生中自卑的阴霾，使一切都变得更加灿烂。尤其是生活在现代社会中的人，千万不要盲目信奉“是金子总会发光的”，“酒香不怕巷子深”的理念，唯有端正态度认知自己，才能充分发挥自己的长处，让自己在人生之中有所收获。曾经有位名人说，每个人最大的敌人就是自己，这句话非常有道理。只要我们战胜了自己，也就能够战胜全世界！

做一棵向日葵，永远向着太阳

很多人都曾看过向日葵，它也叫向阳花，之所以如此得名，是因为它总是向着太阳的方向不停地转动，接受阳光的抚照，吸收阳光的能量，茁壮成长。其实，人也应该如同向日葵一般，永远向着太阳，这样才能赶走人生的阴霾，让自己形成阳光明媚的心态。

人的心是一个有限的容器，当阳光变多了，阴霾就会渐渐散去，再无存身之地。相反，如果人生之中充满阴霾，即使有阳光，阳光也会如同被乌云遮蔽一样，无法穿透乌云照射我们的人生。因而，为了拥有阳光灿烂的人生，我们理应成为一棵满心阳光的向日葵，让自己的人生永远阳光普照。

作为曾经享誉中国的“跳马王”，正值人生花季的桑兰原本应该有着前程似锦的未来。然而，这一切都在1998年7月间在美国纽约进行的赛前训练中戛然而止。因为一个没有完成的手翻转体动作，桑兰头部着地，重重地摔倒在地，导致颈椎受损，中枢神经系统受到严重损害。从此之后，她的胸部以下以及双手都彻底失去知觉。尽管得到了及时的救治，桑兰的伤情依然没有好转。然而，这个坚强的女孩自从从昏迷中醒过来之后，就再也没有流过泪。尤其是当出现在公众视野里时，她更是面带微笑，就如同一株向阳的向日葵。

在美国进行了为期十个月的治疗后，桑兰回到了日夜想念的祖国，开始接受康复治疗。这对她而言无疑是巨大的挑战，为了尽早恢复自理能力，她忍痛咬牙进行锻炼，最终实现了生活的基本自理。她接受了命运的残酷，却不愿意屈服。她很快就实现了角色的转变，从一个职业体操运动员，到一个高位截瘫的残疾人，再到回归校园成为勤学好问的学生，直到如今桑兰已经组建了自己的家庭，拥有了活泼可爱的孩子。尽管桑兰遭受到命运残酷的打击，但是她始终像向阳花一样，努力向着阳光，努力让生命充满阳光！

除此之外，桑兰还一直坚持从事慈善公益事业，以自己的残疾身躯为社会和人民做出更多有益的事情，还鼓励那些走错人生之路的青年，引导他们回到人生的正途上来。这就是桑兰，一个永远向阳的年轻女孩，一个以微笑实践“生命永远，微笑永远”的女孩。

对于一个正值花季的少女而言，桑兰所经历的一切堪称是人生的噩梦。然而，所有沉重的打击都没有使这个身体瘦弱的女孩屈服，反而激发起她面对生命的无限勇气。最终，桑兰用实际行动把一切的不可能都变成了可能，将人生之路继续坚定不移地走下去。对于这样一个女孩，我们没有理由不钦佩不敬畏。

对于任何人而言，只要心中的希望之光不灭，人生就永远是值得期许的。即便在坎坷的境遇中，我们也总是能够找到让自己快乐的所在；就像那些狭缝中求得生存的小草一样，只要它们愿意活着，哪怕只有随风而来的些微泥土，也能让它们得到生命的滋养。

其实，人的生命力是非常顽强的，人的潜能也是无比巨大的。在任何情况下，我们只有坚持内心的渴望，快乐地面对生活，才能驱散心中的阴霾和悲伤，最终让自己的人生充满阳光。也许有人会说，生活中的苦难远远大于幸福的感受。其实我们要说，这是因为你不会抓住随遇而安的快乐。

所谓幸福，并不是指拥有多少金钱，也不是指拥有多少权势，它可能只是一个简单不经意的小动作，或者是一次偶然的邂逅，更有可能只是午后的一杯清茶、一本散发着油墨清香的书。生活中简单的幸福随处可见，我们缺少的只是发现幸福的眼睛和感受幸福的敏感心灵。春日的小雨，夏日的凉风，秋日的硕果，冬日的阳光，郊外的花花草草，都是人生中不可多得的幸福。唯有怀有一颗敏感的心，我们的心才能始终朝着幸福的太阳，我们的人生才能拥有和煦的如初温暖。

畏惧现实，只会让你止步不前

在生活中，我们常常对现实感到恐惧，因为现实总是残酷的，它与我们的理想形成鲜明的对比，也使我们更加认识到人生的冷酷无情。其实，恐惧并非是不可原谅的，因为人的本性就是趋利避害，因而在面对人生的诸多危险时，人们难免会情不自禁地作出反应。在这种情况下，与其感到可怕，刻意回避，不如勇敢地迎难而上。当你真的战胜内心的恐惧，切实地展开行动时，你会发现一切并没有什么可怕的，结局也并不如你所想象得那般糟糕。

畏惧现实，往往使我们的人生停滞不前，因为作为人生的主角我们必然会因此停下前进的脚步。如此一来，人生还谈何进步呢？也因为每一次都在还没有切实展开行动之前就否定自己，打击自己的自信心，也打消自己的积极性，长此以往，必然形成人生的惰性，导致自己越来越不敢面对可能发生的事情。这样的结果，对于人生的发展显然是极其不利的。从某个角度来说，我们宁愿冒着失败的风险勇往直前，也远比无所作为好得多。因为无所作为不但让我们避免失败，也让我们失去了一切成功的可能性，使我们彻底与成功绝缘。

作为美国著名的心理学家，埃里希·弗洛姆曾经进行过一个著名的实验。这个实验的起源是因为几个学生向他请教，懦弱将会如何影响一个人。为此，弗洛姆很快就进行了实验。

一天，他没有进行任何说明，就把学生们带到一间完全封闭、伸手不见五指的屋子里。然后，他引导学生们穿过这间屋子，来到屋子的另一侧。接下来，他打开屋子里的灯，灯光很昏暗，只能让学生们勉强看清楚屋子里的情况。这一看不要紧，学生们全都不由得倒吸了一口冷气，很多学生都心有余悸地瑟瑟发抖。原来，这间屋子是一个巨大的水池，除了他们刚才鱼贯走过来时踩着的一条很狭窄的独木桥之外，下面的水池里全都蠕动着形形色色的毒蛇。其中，还有几条硕大的毒蛇正在高昂着头，朝着他们的方向吐出血红的信子呢！再看看那个独木桥，任何一脚有偏差，都必然导致他们落入这个池子里，成为毒蛇的猎物。学生们惊慌之余全都面面相觑，不知道此时此刻应该说些什么。

这时，弗洛姆问学生们："现在，谁还敢从这座桥上走过去？"学生们你看我，我看你，有几个胆小的女生甚至吓得不停地往后缩，根本不敢主动请缨。直到很久之后，才有三个男生举起手，表示愿意试一试。第一个学生的一只脚刚刚踩在独木桥上，就犹如蜗牛一样半天才走出一小步；第二个学生刚上桥，就浑身颤抖；第三个学生呢，居然四肢着地趴在桥上，准备爬行过去。这时，弗洛姆把房间里所有的灯都打开了，一瞬间屋子里亮如白昼，视野清晰。在他的引导下，学生们再次仔细观察屋内的情况，这才发现原来独木桥下面还有一层非常结实的防护网，只是因为刚才灯光昏暗，才导致他们没有发现。弗洛姆再次大声问学生们："这下子你们放心了吧，还有谁敢从这座桥上走过？"不想，这种结实的防护网并没有打消学生们心中的恐惧，他们你看看我，我看看你，还是没有人能够勇敢地站出来。最终，有个学生吞吞吐吐地问："这张网真的能保证我们的安全吗？"实际上，这也是所有学生心中共同的疑问和担忧。这时，弗洛姆笑着说："实际上，你们的问题不在于桥是否够宽，也不在于防护网是否真的安全，而是在于你们内心的恐惧。即便没有防护网，你们也完全可以平安过桥，但是你们却心神不宁，恐惧不安，因而表现得如此怯懦。"

在这个试验中，学生们在看到这些毒蛇的那一刻起，心中也有了无数条毒蛇，使他们的心被恐惧深深震慑。因而要想成功地走过那座独木桥，仅仅确定防护网是否安全并不能起到立竿见影的效果，最重要的是学生们要清除心中的毒蛇，才能坦然地走过独木桥。

在现实生活中，很多人之所以接二连三地失败，并非因为他们能力不足，也不是因为他们没有帮手，而是因为他们太过在乎困难，因而导致自己的心被困难禁锢住。常言道，无知者无畏，初生牛犊不怕虎。人往往越是懂得多，越是思虑太过周全，也就越容易裹足不前。在通往成功的路上，我们应该尽量忽视背景，忘记沿途的险恶，这样才能全心全意专注于脚下的路，才能顺利抵达人生的目的地，也才能如愿以偿地获得梦寐以求的成功。

毋庸置疑，每个人的心底里都有着深深的恐惧，我们唯有清除心中的毒蛇，才能在关键时刻让自己变得强大起来，学会勇敢，学会坚强，也由此铺就人生的道路。朋友们，永远不要被心底的恐惧禁锢住，当你打破内心深处的坚冰后，你会发现人生其实阳光明媚，充满希望。

勇敢者才能柳暗花明又一村

冬天已经到了，春天还会远吗？罗莱的《西风颂》中的这句话，给予了无数人面对艰难困境的力量和勇气。的确，在现实生活中每个人都难免遭遇绝境，在当时也许会觉得自己根本无法成功地渡过难关，甚至为此变得颓废沮丧，放弃希望。殊不知，在勇敢者面前，人生是没有绝境的。不管境遇多么艰难，只要我们始终不放弃希望，坚持不懈地努力，就一定能够迎来柳暗花明又一村的欣喜。

但是，假如我们在苦难面前退缩了，因为自己承受不住主动放弃了，那么我们就没有希望熬过命运的考验，也许生命会就此戛然而止。这样的怯懦，是对于生命的亵渎，是不该在勇敢者身上出现的。曾经，有两个人结伴在沙漠里行走，因为天气炎热，又没有足够的饮用水，其中一个人很快就中暑了，倒地不起。这时，另一个人把他转移到阴凉的地方，并且为他留下一把手枪，说："枪里还有五颗子弹，你每隔四个小时就打一枪，我会根据枪声的指引带着水回来找你。"眼看着天色渐渐晚了，中暑者绝望地倒在地上，他既不相信同伴能找来水，也不相信同伴会按照约定回来拯救他的生命。他绝望地每隔四个小时就放一枪，直到还剩下一颗子弹时，他没有对空鸣放，而是选择结束了自己的生命。很快，他的同伴就带着一个驼队赶回来救他，但是只看到了他的尸体。不得不说，沙漠中的这个中暑者是怯懦的。

他自己放弃了希望，甚至没有进行任何努力和尝试，所以才会失去生机。倘若他能继续耐心地等待，或者坚强地选择活到人生的最后一刻，结局就会截然不同。相反，他去寻找水的同伴则是人生的强者，也是勇敢无畏的人，所以他才能独自一人在沙漠里行走了整整一天，最终也没有放弃希望，而是如约带着水回来拯救自己的同伴。他是值得钦佩的勇敢者，也是信守诺言的好朋友，所以才能突破人生的绝境，拯救自己的生命。

西方有位著名的思想家说："假如你的心中充满希望和勇气，在人生的路上勇往直前，那么全世界都会在你面前退让。"这句话形象地告诉我们，勇气拥有多么强大的力量，对于我们的人生也必然起到积极正面的作用。在勇敢者的心中，没有真正的绝境，不到生命的最后一刻，他们绝不会放弃努力。很多朋友都喜欢看好莱坞的大片，也都发现大多数大片中的主人公都如同打不死的小强一样，被打倒了就再起来，只要一息尚存，就绝不认输。这就是典型的勇敢者的表现。所以，只要心中怀有希望就能够帮助我们变得勇敢坚强，能够令我们无所畏惧地面对人生。

第二次世界大战之后，德国尽管是侵略国，但是自身也付出了惨重的代价。他们的国土满目疮痍，遍地狼烟，民众失去了自己的家园，全都躲藏在地下室里过着艰苦的生活。作为社会学家，波普诺特意带人去德国进行考察，也去了几个德国人在地下室的家进行参观。参观结束活，波普诺问身边的人："你们觉得德国还能强大起来吗？"有个随从不假思索地回答："很难，德国人处境堪忧。"不想，波普诺却斩钉截铁地说："德国一定能再次发展壮大。"大家都觉得很不理解，因而异口同声地问："为什么？"波普诺说："每到一处人家，我都非常认真地观察他们家中的摆设。你们有没有发现他们的桌子上摆放着什么？"一位随从努力回忆，说："似乎每家都有鲜花。"

波普诺感慨地说："是的，每家每户即便衣不蔽体，食不果腹，也会

在桌子上插上一瓶鲜花。正是那束鲜花，给他们残破的生活带来了勃勃生机，这说明他们的心中还燃烧着希望。这样的民族一定具有顽强的生命力，一定能够在这满目疮痍的废墟之上重新建立家园。”

在经历了残酷的战争之后依然能够满怀希望地面对生活，在遭遇生活的坎坷绝境时依然不忘在桌子上摆放一瓶鲜花的民族，必然有着超强的生命力，也必然有着勇敢者的胆识气魄和顽强毅力。假如他们不能重建家园，还有谁能做到呢？如今的德国，果然再次傲然屹立于世界民族之林。人生也恰恰如同二战后的德国，面对着千疮百孔的大地，面对着处境艰难的生活，我们也应该给自己的桌子上摆放一瓶鲜花，帮助自己鼓起重新面对生活的勇气。

也许有的朋友会说，难道绝望是值得讴歌的吗？当然不是，没有人希望自己的人生面临绝境，然而各种困境又是生活中不可避免的。因而我们唯有怀着勇敢者的精神，积极地面对人生的困境，才能真正迎难而上，超越困境，实现人生质的飞跃。

学会遗忘，人生才能轻松向前

历史不管是对于一个人的人生、一个民族的兴亡还是对于整个人类的发展与进步，都有着至关重要的意义。因而，我们总是被教诲要牢记历史，要以史为镜知兴替。然而很多人都害怕历史，尤其是独属于自己的个人历史。

在过往的岁月中，越是经历了坎坷挫折和血泪教训，人们对于自己的历史就更加心有余悸。他们始终被失败和伤害的阴影笼罩着，无法摆脱，无法逃离。殊不知，一个民族牢记历史，并非是要阻挡现在的进步；整个人类铭记历史，也是为了更好地进步。作为个人，我们为何要让历史蒙蔽人生呢？在从个人的奋斗史、血泪史或者其他诸如此类的历史中汲取经验和教训之后，我们所要做的就是忘却历史，轻装上阵。当我们把从历史中所得到的东西作为进步的阶梯，我们的人生一定能够得到长足进步和飞速发展。

归根结底，诸如“一帆风顺”“万事如意”之类的词语，都只能作为祝福语出现。真正的生活，永远会像变幻莫测的海平面一样，时刻都会给我们制造滔天巨浪。然而，不管是在海面上，还是在人生中，灾难唯一的作用应该是帮助我们警醒自己，也提升我们应对灾难的能力。倘若把人生过往的灾难变成一场噩梦，时不时地就被它惊扰，那么人生就会因此受到负面影响，我们也会因此而止步不前。

实际上，不管事发当时是多么痛苦的体验，事后都会成为深刻的人生领悟。尤其是那些当时看起来很恐怖的灾难，更是纸糊的老虎，看起来吓人，实际上忍一忍、熬一熬总会风平浪静。此时我们再回头去看灾难，一定能够收获宝贵的经验，也使人生更上一层楼。

当然，那些对于灾难心有余悸的人其实并非惧怕灾难本身，而是因为他们心底的恐惧被灾难激活，就像我们前文所说的怯懦一样。它们就像人们心底深处的毒蛇，一个个吐着血红的信子，随时随地都要吞噬脆弱的灵魂。当我们变得足够坚强时，就能摆脱灾难带来的消极心理暗示，那么恐惧也会随之消散。

自从经历过一次失败的婚姻之后，利民的人生之中似乎再也没有快乐了。每天，他都愁眉苦脸地对待这个世界，即便是看到年幼的女儿和年迈的父母，他也满面忧愁，从来没有欢笑的模样。

眼看着离婚已经三年了，孩子也已经上幼儿园了，开始陆陆续续有人给利民提亲。利民勉强与几个女孩见了面，但是最终对方都因为他愁眉不展的模样望而却步。直到最后，姨妈给利民介绍了一个年轻新寡的女人，见到利民，女人就笑了。看到女人灿烂的微笑，利民也不由得微笑起来，但是因为他已经很久没有笑过了，所以他的笑容很僵硬。

女人问："我听介绍人说你不太爱笑，为什么呢？"

利民回答："我的人生如此悲催，老婆跟人跑了，留下年幼的孩子还得依靠父母照顾，有什么值得笑的呢？"

女人说："不笑，愁眉苦脸的有用吗？"

女人的话让利民陷入沉思，他想了想说："似乎也没用，我的父母和孩子也觉得压抑。"

女人继续说："是啊，不笑并不能改变现状，还会给你最爱的人带来痛苦，让他们担忧你，那么为何不笑呢？我刚刚结婚半年，丈夫就发现患了肝癌，在陪伴他的这一年多里，我饱受折磨，担惊受怕，尤其是眼睁睁地看着我最爱的人一天天失去生命，简直心如刀绞。但是我依然笑着面对他，我想让他记得我笑的模样。他去世之后，我没有守丧，而是笑着开始了崭新的生活，我知道这也是他的心愿，而且我不愿意背负着苦难前行。任何事情发生过了就成为历史，历史是被用来遗忘的，尤其是让人不快乐的历史。不是吗？"

女人的这番话让利民对她刮目相看，利民紧皱的眉头也舒展开了，说："你说得对，我不应该用我前妻的错误惩罚自己，我以后也要笑着度过每一天。"

很快，利民就与这个乐观坚强的女人走入了婚姻的殿堂，他们的家里也终日充满了笑声，充满了幸福和欢乐。

过去的苦难一定程度上的确会给我们留下心理阴影，然而我们要做的就是摆脱阴影，大步向前，拥抱新生活。哪个人的人生不曾经历过苦难呢？如果把苦难全都牢牢记住，我们的心终将不堪重负。唯有摆脱苦难，我们才能做到轻装上阵，享受生活。

朋友们，假如你也是一个曾经被苦难羁绊的人，不妨从现在就开始调整心态，积极乐观地面对生活吧！要知道，苦难的阴影面积对我们人生的负面影响远远超过了苦难本身，我们唯有学会舍弃，学会清除人生的重负，才能尽情享受快乐幸福的人生。假如说人生有很多财富，为何不把困难也当成其中的一种呢！当你成功摆脱苦难，苦难就会成为你人生中最宝贵的财富，永远激励着你珍惜生命，热爱生命，勇往直前！

第03章 挣脱人生的枷锁，按自己的规则走自己的路

每个人的人生都需要奋斗，而且会时不时地遇到各种艰难的困境和难以想象的挫折与困难。在这种情况下，假如我们一味地因循守旧，不改变自己，则难免会走进死胡同里，导致人生陷入僵局，无法突破。其实，很多时候禁锢我们的并非是外界的种种，而是我们的内心。唯有打破思维的墙，挣脱我们内心深处的枷锁，我们才能突破自我，超越自我，从而让自己变得更加强大，也让成功唾手可及。

发散性思维，让你突破思维的墙

看到这个题目，也许会有很多读者朋友提出异议：思维里也有墙吗？没错，你没看错，思维的确也是有墙的，很多时候我们之所以无法打开思路，就是因为这些墙壁在处处给我们设置障碍。

和现实生活中钢筋水泥铸就的墙不同，思维的墙是无形的，因而我们根本不可能准备好工具将其拆除，而只能想办法打开自己的思路，帮助自己形成发散性思维，从而成功地创新，做到突破自我，超越自我，最终成就自我。众所周知，人都是有惯性的，这种惯性不仅涵盖在行为方面，而且涵盖了思维的方面。因此，人们不但会在行为上存在根深蒂固的习惯，也同样会在思想上受到传统思维和固定思考模式的影响，最终导致一切都按部就班，因循守旧。在这个飞速发展的时代，整个社会都日新月异，这样的迂腐无疑会给我们的生活带来严重的负面影响，也会使我们自身的发展受到局限。因而，不管是从与时俱进的角度，还是从自身发展的角度，我们都应该努力形成发散性思维，让自己学会从更多的角度去思考问题，找寻更多创新的方法解决问题，最终才能如愿以偿地不断提升和完善自我，使自己成为真正的强者。

北宋时期著名的政治家、史学家司马光，从小就是一个特别聪明，而且能够开动脑筋进行创新思维的孩子。也因此，他从小就显得和其他孩子不一样。

有一次，年幼的司马光和小伙伴们一起在花园里玩耍。花园里风景秀丽，不但有花有草，还有很多假山呢！一个小男孩爬到高高的假山上玩耍，突然不慎从假山上跌落，正好掉进假山下面的大水缸里。当时正值夏季，雨水丰沛，水缸里也蓄满了水，眼看着小男孩不停地挣扎着，其他小伙伴们这才发现有人落水了，大家不由得全都惊慌失措，根本不知道如何是好。眼看着小男孩命在旦夕，有些胆小的孩子吓得哇哇大哭，个别大点儿的孩子赶紧跑去找大人来帮忙。然而，小男孩似乎等不到大人来救他了，他已经没有力气挣扎，而是渐渐地沉进缸底。这时，司马光说："大家别怕，我们马上想办法救他出来。"孩子们全都面面相觑，谁也不知道有什么好办法能够挽救小伙伴的生命。这时，只见司马光从附近找到一块很大的石头，不由分说地就朝着水缸使劲砸去。随着司马光的努力，水缸应声碎掉，里面的水猛地涌出来，小男孩得救了。

等到大人闻讯赶来时，司马光已经成功拯救了小男孩的生命。除了呛了几口水，小男孩没有性命之虞。事后，有人问小小年纪的司马光："你是如何想出砸缸救人的？"司马光说："我想我们小孩子都没有水缸高，也无法把他捞出来。那么最好的办法就是把水缸里的水倒出来，但是我们又搬不动水缸。既然这样，就只能把缸砸碎，毕竟救人要紧。"

从司马光砸缸的事例中不难看出，小小年纪的司马光思维敏捷，条理清晰，因而才能在危急情况下进行理智的思考，从而帮助小伙伴成功脱险。尽管这个事例已经传诵了千百年，而且大家都耳熟能详，但是我们依然能够从中得到深刻的启示。其实我们在现实生活中也经常遇到各种危急的情况，与其手足无措，不如冷静下来理智思考，只要能够调整思路，换个角度思考问题，也许我们就能够想到出人意料的好办法，从而起到事半功倍的效果。

所谓发散性思维，形象地看，就是以问题为中心点，让思维不受任何拘束朝着四面八方进行思考，也包含逆向的思维方式。这样一来，我们才能突破常规的思维方式，想出的办法更加富有创新性，在解决问题时也能达到出人意料、事半功倍的效果。

换个角度，欣赏其实很优秀的自己

很多时候，我们那些不好的体验并非来自于客观外界，而是来自我们的内心，因为我们的主观色彩太过强烈，才导致我们看待客观外物时无法保持一颗平静淡定的心，也因而使得我们的很多看法和评价都产生了一定程度的扭曲。在生活中，我们常常羡慕那些成功人士轻而易举就获得了成功，殊不知他们的成功背后也有着艰辛的付出。而他们之所以如此优秀，就是因为他们拥有和我们不一样的视角，也拥有发现和分析问题的独特能力，所以他们才能在人生路上收获更多，也使自己达到常人所不能及的高度。

人们常说，条条大路通罗马。这句话的本意是说古代罗马的道路四通八达，随便选择一条道路走下去，都能够走到罗马城。用在现代社会，就是要告诉人们其实我们可以从很多方面思考问题、解决问题，而不必拘泥于任何一种单调枯燥的方法。在遭遇人生的困境时，我们往往悲观绝望，甚至彻底放弃希望，不再进行任何努力，最终导致失败。可以说，这样的失败并非因为客观存在的绝境引起的，而是因为我们主观的放弃。前文说过，对于人生的强者而言，人生是没有绝境的天堂。的确，很多看似艰难和无法突破的情况，只要我们坚持做下去，就能够改变心态，也能够得到命运更多的馈赠和机遇。

在现实生活中，我们常常会遇到各种各样的难题，有些艰难的处境看似无法突破，导致我们之中的胆小怯懦者主动放弃、退宿，面对困境无计可施。其实在这种情况下，一味地冥思苦想并非好办法，最佳的处理方式是调整思路，放弃之前让我们走进死胡同的思维方式，从而找到人生新的契机。

很多时候，那些无法获得突破口的思维，一旦改变角度，也许就会茅塞顿开。因而我们必须清醒地认识到，很多时候我们无法成功解决问题，并不是因为问题本身的难度，而只是因为我们思考的角度。正如前文所说，除了采取发散性思维模式之外，我们还可以采取逆向思维等方式，这些都能够很好地帮助我们突破思维的禁锢，从而使得思考事半功倍。

曾经，人们在切苹果的时候，总是纵向切开苹果。直到有一天，一个人横向切开了苹果，由此发现了苹果中隐藏着的五角星。类似的事例生活中还有很多。因此当我们被困境阻挡住前进的道路时，千万不要对自己产生质疑，而应该调整思路，从而发现更加优秀的自己。这样，重新找回自信的你必然会在生活中有更好的表现，也必然能更加理智地面对和拥抱人生。

很久以前，有个年轻人非常自卑，他甚至从不相信自己，也对自己的人生彻底失去了希望和勇气。长此以往，他产生了悲观厌世的心理，甚至想要结束自己宝贵的生命。当他来到深山之中寻求解脱时，偶遇一个衣着破烂的老者背着一担柴火，一边下山一边唱歌。年轻人疑惑地问老者："老人家，你很富裕吗？"老者摇摇头，年轻人又问："你的生活一定从未感到艰难吧？"老者笑了，说："有谁在生活中不曾感受到艰难呢？我从小是个孤儿，一个人风餐露宿、孤苦伶仃地长大。后来好不容易成家立业，我的妻子却在生产的时候难产，孩子和她一起离开了人世。如今，我依然孑然一身，只有一间破茅草房而已，还不知道明天的早饭在哪里呢！"年轻人更加疑惑："那你为什么还这么快乐呢？居然还能唱歌？"老人豁达地笑了，说："我还活着，每天都能看到日月星辰，逢年过节还可以去给妻儿扫墓，有何不满呢？我能活到今天，已经是奇迹了，也是老天爷善待我。"

年轻人若有所思，沉默很久，才对老者说："老人家，我很自卑，感觉全天下似乎只有我一个人生活得处处不如意，没想到你的命运居然如此悲惨。"老者说："我并不觉得自己是最悲惨的，我知道一定还有人比我的处境更加艰难。既然哭着也是一天，笑着也是一天，我当然要笑着度过人生的每一天，为自己活，也为我那死去的妻儿好好活着。你不要自卑，就像泥土和金子一样，大多数人都认为金子更有价值，更值得人们追捧，但是当我把一粒种子种到地里时，我坚信泥土比金子更能孕育生命。”说完，老者再次背起沉重的柴火，一路高歌着朝着山下走去，年轻人这才觉得恍然大悟：是啊，如果注定自己是泥土，那么就找到最适合的种子孕育吧！

经过老者的点拨，年轻人总算意识到每个人、每件物品都有自身独特的价值，哪怕一个不起眼的人，如同他自己，也是有优点和长处的，也是有价值的。因而，他改变心意，决定要找到最合适的种子精心孕育，再也不会随便产生轻生的念头了。

朋友们，其实我们比自己想象中更优秀，从现在开始，就让我们努力发掘自身的优点，从而帮助自己扬长避短、取长补短，最大限度地成就自己吧！只有遇见最好的自己，你才能最大限度地成就自己，获得辉煌的人生！

山不转水转，你也可以走到山那里

在人生路上，很多人都采取被动的姿态，任何时候都无法积极主动地掌握人生。其实，我们是人生的参与者和主宰者，而不是人生的客人。因而，我们理应摆出主动的姿态拥抱人生，不管人生给予我们的是馈赠还是磨难，我们都要成为人生的主人翁，坦然悦纳人生。

就像我们想要欣赏山上的风景，那么我们就不能站在原地等着山来到我们的面前，而应该积极主动地走到山脚下，努力朝着山的顶峰攀登，这样才能成功征服山峰，也如愿以偿地饱览风景。人们常说山不转水转，其实说的就是这个道理。世界上的任何事情都在随时随地地改变之中，我们唯有坚持与时俱进，才能随时掌握事情的最新动态，从而作出聪明睿智的选择。

很久以前，有个年轻人叫张文举。他从小就有个梦想，那就是成为下笔如有神的作家。为此，他每天都坚持不懈地写随笔，从来未有一天松懈过。然而命运总是残酷的，尽管他如此勤奋、执着，但是他投递出去很多稿件，从来没有任何一篇发表，也没有任何一篇收到了退稿信。想着如同石沉大海的稿件，张文举毫不气馁，而是继续笔耕不辍，坚持每日写作，坚持投稿。如此过了十年之后，就在29岁那年，张文举突然接到了一个电话，居然是一个编辑打来的。

原来，多年来张文举一直坚持向这个刊物投递稿件，尽管没有回音，他却从未放弃。就这样，尽管那个刊物的编辑与张文举素未谋面，却已然对张文举很熟悉了。编辑在电话里真诚地对张文举说："我可以感觉到，你是一个非常努力上进的男青年。不过，这十几年来你投来的稿件并没有任何进步，我认为主要是因为你知识面太狭窄，而且缺乏生活经验导致的。但是我偶然有了惊喜的发现，不知道你自己是否有所觉察，那就是你的钢笔字和刚刚投稿的时候相比，俨然已经有了突飞猛进的进步……"编辑的话非常恳切，犹如阳光刺破乌云一样，让张文举心中一片清朗。从此之后，他不再写作，而是改为努力练习钢笔字。果不其然，他的进步简直神速，经过一番勤学苦练，如今他已经成为大名鼎鼎的硬笔书法家啦！

既然在写作的道路上成功并不青睐坚韧不拔的张文举，那么他就顺应形势，在编辑的指点下及时调整自己的发展方向，从而主动获得成功。不得不说，从张文举身上，我们看到了改变的力量。毋庸置疑，每个人都有自己的特长，也有自己的天赋，我们如果非要执拗地做自己不擅长的事情，则往往很难取得好的结果；唯有顺应自身的实际情况，才能帮助自己取得事半功倍的发展。

朋友们，你们是否也曾执拗地与成功对峙呢？假如意识到自己并不能如愿地获得梦寐以求的成功，不如就从此刻开始充分挖掘自身的潜力，发扬自己的优点和长处，从而主动积极地追求成功吧。山不转水转，条条大路通罗马。只要我们随时根据事情的发展情况调整心态，端正态度，我们在成功路上依然能够做到事半功倍！

善于倾听，才能找到交流的突破口

现代社会，人际关系被提升到前所未有的高度，人与人之间的交流也日益受到重视。很多人以为顺畅的沟通离不开良好的表达能力，殊不知倾听才是展开交流的第一步。尤其是在与陌生人交流，或者交流陷入僵局时，更需要我们具备高超的倾听能力，才能顺利找到交流的突破口，从而打破僵局，使交流更进一步。

一个善于交际和沟通的人，必然有着良好的倾听能力，也拥有一双会说话的耳朵。他们从不会在沟通时不管三七二十一地随意插话，而是能够主动倾听，凝神细听，既表现出对他人的尊重，也借此更加深入地了解对方，从而为与对方的沟通奠定坚实的基础。

即便是熟悉的人之间进行沟通，也会因为意外情况的发生导致我们随时都有可能面对突发情况。越是面对熟悉的人，越是人多的场合，冷场也就越发显得尴尬。在这种情况下，如果有人能站出来打圆场，缓解紧张而又难堪的气氛，他一定能够成为大家心目中的“救世主”，也得到大家的认可和赞许。而这一切，都离不开善于倾听的耳朵和耐心倾听的心灵。

在公司的年会上，入职时间不长的马丁很低调。一则因为他在公司里还只是个无名小辈，二则因为有很多同事他都不认识也不熟悉，因而他决定采取倾听的态度，这样才能做到明哲保身，不至于因为言多给自己招致不愉快。

没想到，一场宴会下来，马丁非常受欢迎。很多同事都非常乐意与他交流，并且牢牢地记住了他的名字，年会后的好几天，都有同事过来找马丁聊天呢！作为马丁的师傅，比马丁早几年进入公司的李刚对此很纳闷，因而问马丁："你小子不错啊，一个年会就收获这么好的人缘，快告诉我你是怎么做到的。"马丁笑着说："其实，我也没做什么，只是因为才疏学浅、缺乏资历，因而就总是倾听，用心倾听。"李刚疑惑地问："这样就能收获好人缘了？你确定你没有阿谀奉承他们？"马丁摇摇头，说："师傅，你还不了解我吗，一天也说不了几句话。不过，我在倾听的时候总是面带微笑，而且时不时地点点头，或者以简单的语气词给予他们回应，这样他们就更愿意继续说下去，让我继续当他们的听众。"果不其然，在后来的日子里，有很多同事都愿意向马丁诉说自己的事情。随着时间的流逝，马丁在公司里的人缘也越来越好，得到了很多同事的好评。

一个初入公司的新人都能凭借倾听获得良好的人缘，更何况是职场上的老职员呢！记得曾经有人说，上帝之所以让人们长了两只耳朵，只长一个嘴巴，目的就是让人们少说多听，成为一个良好的倾听者。也唯有做到这一点，我们才能更好地与他人交流，并成为人际社交圈中处处受欢迎的人。事例中的马丁正是用倾听成功打开了他人的心扉，也成功把自己推销出去，最终得到了大多数同事的认可和赞许，还有最宝贵的信任。

在人际交往中，每个人都无一例外地想要拥有良好的人际关系，这一切都要从学会倾听，顺利展开交流开始。尤其是在面对可能发生的尴尬情况，或者是已经发生的难堪时，我们更要学会从倾听之中找到交流的突破口，从而成功打破交流的尴尬境遇，最终使得交流更加和谐顺畅。现代社会，一个人不管在生活和工作中扮演何种角色，都注定了他是社会的一员，必须活在群体之中，免不了要与他人打交道。倾听与交流，恰恰是人们和谐交流的先决条件，甚至从某种意义上来说，倾听更加重要，也更值得我们每个人关注。尤其是对于那些总是喜欢抢着别人的话头说话的人，或者是喜欢随意打断他人说话的人，这恰恰是交流的大忌，也不符合倾听的原则。因而，从现在开始，朋友们，我们必须学会倾听，如此才能开展人际交流和交往。

不被枷锁束缚的人生，才能走出精彩

记得有人说，这个世界上绝没有完全自由的人。归根结底，每个人都被各种各样的法律、道德约束着，很难肆意妄为。当然，也正是因为有了法律的约束，有了道德的限制，人们才能控制心底深处自私贪婪和邪恶的本性，从而使整个社会呈现出和谐有序的状况。当然，除了法律道德之外，人们还要受到原则、底线，以及他人的评价等诸多方面的微妙影响，根本不可能随心所欲。实际上，我们的人生的确需要约束，这样才能有序；但是与此同时，我们的人生也需要打破那些束缚我们的枷锁，才能更加精彩出色。

在现实生活中，我们根据常识生活，被常识束缚，又根据人们约定俗成的见解来禁锢自己的行为和思想，由此感到窒息。其实，人生的本质就是自己做主的旅程，因而只要我们不违背道德和法律，对于个性化的人生选择，我们完全可以尊重自己的内心，也完全可以帮助自己释放心灵。

也许有人会说，没有规矩不成方圆，正是因为有了规矩的约束，我们的社会才有秩序。这句话当然不错，不过对于社会秩序而言，法律和道德的约束已经足够。除此之外，对于个性化的选择，我们理应尊重自己的个性，从而作出符合内心趋向的选择。尤其这个崇尚个性化发展的现代社会，已经不同于几十年前要求人才必须整齐划一的时代。实际上，现代社会从对孩子的教育开始，就提倡要尊重孩子的个性和特性，做到因材施教，因地制宜，如此才能给予孩子足够的空间，引导孩子们获得长足的发展。

著名的魔术大师胡丁尼之所以在魔术界声名大噪，就是因为他拥有一项特殊的技能，即能够在最短的时间内打开所有的锁，不管这把锁多么复杂、罕见，他都从未失败过。为了挑战胡丁尼，英国有一个小镇的居民向他发出邀请，专程请他来到小镇打开一把特制的锁。当然，居民们决定给胡丁尼一个难堪，打消他的嚣张气焰。为此，居民们同心协力，集思广益，最终制造出一个异常坚固、固若金汤的铁制囚牢，还在上面配了一把看起来很繁复精致也非常结实坚固的锁。

约定的挑战时间到了，胡丁尼如约来到小镇上，钻进居民们预先准备好的铁笼之中，由小镇居民锁上锁。在胡丁尼的要求下，在场的每个人都自觉地转身，背对铁笼，胡丁尼则开始拿出特制工具进行开锁。眼看着时间一分一秒地过去了，半个小时，一个小时，直到两个小时过去，胡丁尼也没有像自己夸口的那样顺利打开铁笼的锁。他的额头上冒出豆大的汗珠，因为他很清楚这将会对他的声誉造成影响。最终，他决定放弃努力，因而浑身乏力地依靠在铁门上。没想到，铁门突然被他的力量打开了，原来，这个铁门根本没有上锁，他完全可以不费吹灰之力地在几秒钟的时间内推开门走出来，但是他却被那个挂在门上当幌子的锁唬住了，一心一意地只想着开锁，却没有想到走出铁笼也许另有捷径。

显而易见，小镇居民成功地戏弄了胡丁尼。其实胡丁尼也并非被小镇居民的智慧戏弄，而是被自己心中的锁锁住了。一直以来，他渐渐忘记了自己的目标是走出铁笼，而不是开锁，小镇居民正是成功诱导胡丁尼被自己心中的锁锁住，才令他对这扇根本没关的门和根本没锁的锁无计可施。

人生也恰如胡丁尼开锁一样，总是面临各种各样的锁。很多时候，我们并非被客观世界的规矩限制住，而是被我们内心的规矩禁锢了。我们只有突破自己的内心，打开心中的枷锁，才能自由地按照自己的规则行走在人生路上，也从而开创属于自己的、与众不同的人生。

学会辩证看待问题，你才能从容快乐

任何人的人生都不可能一帆风顺，总是有晴朗也有风雨，有快乐也有痛苦，有欢喜也有悲戚，总而言之，人生总是在不同时段以不同的面貌对待我们，从而使我们感受生活的酸甜苦辣咸。在人生的道路上，我们也会遇到各种各样的问题，这些问题或许非常艰难，看似难以解决，实际上只要我们调整思路，换个角度辩证地看待问题，问题往往就会迎刃而解，我们原本看似忧愁焦虑的人生，也会变得更加从容快乐。

有些人抱怨世界上缺少美，实际上只是他缺少发现美的眼睛而已。有的人抱怨自己的人生不够平顺，总是充满坎坷，也因此导致艰难倍增，实际上，即便是再艰难的生活也总有柳暗花明又一村的时候，只要我们的心中怀有希望，坚持不懈，总有一天能够迈出困境，使得人生更加开阔。当然，这一切的前提条件都是我们要学会辩证地看待问题，既看到问题悲观消极的一面，也看到问题积极乐观的一面，这样我们才能从容理智地分析和解决问题，也使得我们的人生从容快乐。相反，假如一个人的心中充满抱怨，充满暴戾之气，那么他无论如何也无法做到坦然对待人生，更别说在艰难的境遇中心怀希望、不懈努力了。

其实，对于改变思路的重要性，人们早就有了认识。人们常说的树挪死，人挪活，就是这个道理。意思是说对于种子，千万不要随意移动，否则就会伤害它们的生命力；但是对于一个人而言，如果总是坚持传统思想，固步自封，则无论如何也是无法突破现状，让人生拥有新天地的。尤其是现代社会正处于飞速发展的时代，我们更要调整思路，与时俱进。当我们根据事情发展的情况进行综合分析时，会既看到事情的弊端，也看到事情有利的一面，我们的选择也会更加理智，从而避免人生陷入尴尬的境遇中，使自已蒙受损失。此外，保持愉悦的心境对于人生的好处毋庸置疑，从情绪的角度来看，由此带来的好心情是更加让人觉得欣喜和倍感安稳的。

战国时期，有个叫塞翁的老人住在靠近边塞的地方。他养了很多马，以此为生。有一天，他的马群中突然少了一匹马。在当时，一匹马可是很贵重的财产，为此邻居们听说这件事情后，都纷纷赶来安慰他。不想，塞翁却笑着说："没关系，丢了一匹马，也许接下来会有好运气呢！"邻居们都以为塞翁是为了面子强颜欢笑，因而都摇摇头离开了。

没过多久，塞翁家的马不仅回来了，而且从塞外带了一匹骏马回来。平白无故得了一匹马，邻居们全都羡慕塞翁的好福气，因而都来恭喜塞翁，祝贺道："您老真是未卜先知，居然还多了一匹骏马，这可是天大的福气呢！"不想，塞翁却满面愁容地说："平白无故得到一匹马，也许会带来祸患呢，并不一定就是好事。"听到塞翁的话，邻居们全都暗暗嘀咕："这个老人真狡猾，心里也许早就乐开了花，面上却装得若无其事。"

后来，塞翁的儿子整日骑着这匹骏马四处招摇，居然从马背上翻下来，摔断了腿。邻居们听说此事，又来安慰塞翁，塞翁却说："没关系，摔断了腿却性命无虞，也许反而能够带来好福气呢！"邻居们全都以为塞翁伤心过度，神志不清了！ 不想，没过多久塞外的匈奴举兵入侵，村子里所有的年轻人都应征入伍，只有塞翁的儿子因为摔断了腿，无法去战场，最终反而保住了性命。

很多人都曾读过塞翁失马的故事，有些人为塞翁的远见卓识和先见之明而佩服不已。其实塞翁真正高明的地方在于他总是能够采取辩证的态度看待和分析问题，因而既不因为一时的得到而欣喜若狂，也不因为一时的失去而伤心欲绝。正因为如此，他始终都能保持淡定平和的心境对待人生，也因而始终能够以智慧的态度面对和悦纳人生的种种遭遇。

人生一世，很难一帆风顺，唯有采取平静淡然的态度面对人生，我们才能更加理智，更加从容不迫。为人处事，我们也应该放宽心胸，从各个不同的角度看待和分析问题，既看到事情好的一面，也对事情不好的一面有所准备，这样才能做到兵来将挡，水来土掩，淡定从容过一生。

正确认知自我，才能迅速提升自我

一个人要想提升自我，前提条件就是正确认知自我。在生活中，有些人妄自菲薄，也有些人自视甚高，不管是过于自信还是自卑，对于人生都没有好处。只有对自身进行客观公正的评价，准确分析自己的优点和缺点，我们才能有的放矢地提升和完善自我，从而改变人生。作为古希腊大名鼎鼎的哲学家，苏格拉底曾经说过，如果人生从未思考过，无异于枉活一场。因此，人一定要认知自我。从心理学的角度来说，认知自我应该是主观能动的，也是人们自发的心理活动。然而现实情况是，大多数人并不能对自己作出正确的认知，他们自以为了解自己，其实根本不能正确评价自己，更无法做到客观公正。尤其是对于心底里的潜意识，他们更是常常无意识地回避，最终导致自己都无法洞察自己内心深处的渴望，在这种情况下，他们又如何形成客观中肯的自我认知呢！

总而言之，正确认知自我是提升和完善自我的先决条件，如果没有对自我的正确认知和客观评价，我们也就无法在客观公正的角度下考量我们的人生，也就无法拥有充实完美的人生。

很多人都曾听说过疯狂英语，也对其创始人李阳有着一定的了解。在所有人的眼中，李阳都是一个激情四射的人，尤其是每当说起他的英语，他总是状似癫狂，想喊就喊，根本无所顾忌。

作为很多年轻人的人生榜样和楷模，李阳经常带着自信的微笑出现在莘莘学子面前，甚至当着全国观众的面，他也能够一如既往地带着《疯狂英语》亮相。对此，很多人都觉得李阳非常自信，殊不知李阳却说，他的自信完全是后天锻炼得到的，并非天生。这无疑让很多以他为楷模的人感到惊讶万分，毕竟如果人们能够通过后天的锻炼变得如此自信，那将是很多缺乏自信者的福音。

现实情况是，李阳小时候胆小内向、害羞，一旦面对陌生人就会感到无所适从，甚至连接电话、看电影这些日常小事，他都不敢去做。为此，父母曾经断言他长大之后必然是个没出息的男人，根本没想到他居然会成为疯狂英语的创始人，而且以充满激情的人生姿态影响无数人。

李阳于1986年考入兰州大学，入学之后成绩平平，甚至在第一学期的期末考试中由于英语不及格，成为全年级倒数第一。第二学期，他的英语依然不及格，而且多达13门功课都不及格。这极大地打击了李阳的内心，从此之后，他每天都冒着寒风不顾一切地读英语，声嘶力竭，不遗余力。直到一个学期过去，他不仅读了很多英语著作，而且熟练掌握了很多四级考题。正是在如此疯狂的自我训练中，他的舌头变得非常灵活，耳朵也变得很灵敏，在英语方面的反应更是出人预料。结果，他在1988年参加了英语考试，并且取得了全校第二的好成绩。此时此刻的李阳，让人刮目相看。从此之后，李阳感受到成功的滋味，开始更加勤奋地对待人生，也变得积极进取。他发现自己在疯狂地、声嘶力竭地朗读英语的过程中，已经彻底战胜了自身的弱点，让自己从怯懦到勇敢，从自卑到自信。由此，他才能在此后的人生道路上不断进取，成为人人羡慕和钦佩的人。

从李阳身上，我们不难发现阻碍他发展的其实就是他的不自信。直到在英语接连不及格的刺激下，他开始疯狂地、声嘶力竭地读英语，才在人生道路上迈出了坚实的一步，从此更加深刻地认识自己的缺点，也切实地促进了自己的进步，提升和完善了自己。

其实不仅当初李阳缺乏自信，每个人都会有或多或少的弱点，正是这些弱点让人们无法正确面对和评价自我，也由此导致自己的生活和学习陷入困顿之中。当我们真正做到客观评价自我之后，就会因为对优点和缺点的深入分析和洞察，而成功提升自我。

第04章
认识自己的优点，你从来都不是一个弱者

也许你自以为软弱，然后随着对自己认识的深入，你会渐渐发现其实你远远比想象中的坚强。在希腊圣城德尔斐神殿上，至今依然刻着一句箴言，那就是“认识你自己”。不得不说，很多哲学家都喜欢用这句话来劝说他人，这是因为生活中有太多的人并没有正确认知自己。人的潜能是巨大的，人之所以分为强者和弱者，并非因为先天的能力相差悬殊，只是因为强者发掘了自身的潜能，弱者的潜能还处于沉睡之中。因而，我们要想变得强大起来，首先应该认知自己，然后才能不断挖掘自身的潜力，从而使自己成为人生之中真正的强者。

认清自己，人贵有自知之明

一个人如果从来不知道自己的短处，是不可能做到扬长避短、取长补短的。唯有正确认清自身的缺点，才能最大限度地发挥自己的长处，弥补自己的短处，也才能切确知道自身的能力到底有多强。在心理学领域，木桶理论的提出告诉人们，一只木桶究竟能盛多少水，并非取决于最长的那块木板，而是取决于最短的那块木板。当然，我们并不能把人简单地比喻成一只木桶，也未必可以把木桶理论直接套用到自己身上。在很多时候，人的发展取决于人的长板，因为唯有把长处发扬光大，人们才能形成核心竞争力，从而使自己傲然屹立于竞争之中。

即便如此，我们依然需要有自知之明。常言道，人贵在自知，一个人只有真正了解自身，才能明白自己到底适合做什么，又应该回避怎样的遗憾和缺憾。只有这样，我们的人生才能够减少很多弯路，从而提高效率，事半功倍。但遗憾的是，生活中有很多人都自认为了解自己，也因此他们从没有积极主动地认识到自己需要加深对自身的认知。其实从心理学的角度而言，人是非常容易受到暗示的动物。尤其是当外界的暗示来自于他们信任仰视的权威人士，或者是他们非常在乎和尊重的关键人物时，他们更加容易受到他人的误导，从而对自身认知产生偏差。诸如现代社会的小学教育，坚决杜绝父母或者老师给孩子们贴标签的行为。这是因为孩子们的自我认识能力原本就没有发育完善，而父母和老师又是他们最在乎和尊重的人，因而父母和老师的无心话，很容易对他们形成深远的影响。举例而言，假如父母说孩子五音不全，根本不适合唱歌，那么孩子也许在未来很多年都不敢引吭高歌，由此一来人生也必然少了很多乐趣。再如，假如老师说孩子在写作方面没有天赋，那么孩子也许就会放弃用笔来书写自己的内心，从而导致书面表达能力越来越弱。实际上，也许前者歌喉非常优美，后者文笔成熟，表达能力很强，却最终就这样被父母或者老师的简单定论耽误了。

正如一首诗中所说的那样，不识庐山真面目，只缘身在此山中。我们对于自己的认知也是如此，唯有摆脱主观，我们才能更加客观公正地认知自己，也才能拥有自知之明，从而帮助自己取得更大的进步，使自己的人生不断地朝着理想的方向奋进。

大名鼎鼎的科学家爱因斯坦小时候非常调皮捣蛋，这让他的父亲很头疼。后来，直到爱因斯坦16岁那年，他才从父亲讲述的故事中领悟到深刻的道理，从而对自我的态度发生巨大的转变，也由此奠定了他的人生基础。

那天，父亲对爱因斯坦说："昨天，我和你的杰克叔叔一起去清扫烟囱。当时，杰克叔叔在前面，我跟在后面。因为烟囱内部空间逼仄，所以我们费了九牛二虎之力，好不容易才爬到上面。等到把烟囱清洁完，我们还按照之前一样一前一后下了烟囱。直到钻出烟囱之后，我才看到杰克叔叔的脸上几乎变成了煤炭的颜色，他的后背上也都是黑漆漆的烟灰。这时，我想我自己的身上一定也这么脏，脸上肯定也看不清楚眉眼鼻子了，因而我马上跑到河边认认真真地把自己清洁干净。但是让我纳闷的是，杰克叔叔只是简单地洗了洗手。"

"我问杰克叔叔，你怎么不洗澡呢？他马上反问我，为什么要洗澡呢，你为什么要洗澡呢！我说，简直太脏了，不洗的话没法见人，但是杰克却大惊小怪地说这哪里脏啊！后来，他就大摇大摆地走到街上去了，人们全都像看一个疯子一样看着他。直到看到镜子里的自己，他才知道自己多么脏。后来，我们才明白，原来我们的眼中只看到了对方的样子，因而就把对方当成自己的参照物。在爬烟囱的过程中，杰克叔叔始终在前面，因此烟囱里的煤灰全被蹭到他的身上，而我在后面就显得比较干净。因而，当我看到杰克叔叔的样子时，以为自己一定也和他一样脏，所以赶紧跳进河里把自己洗了个干净；同样的道理，当他看到我的模样时，也自觉和我一样干净，所以只简单地洗了洗手。”

听了父亲讲述的这个故事，爱因斯坦情不自禁地笑了起来，父亲却语重心长地说：“一个人要想正确认识自己，客观评价自己，就一定要以自己作为镜子，而不要盲目地以他人作为参照物。否则，我们的自我认知一定会差之千里，最终闹出笑话。”

正是这个故事，让爱因斯坦领悟到人生的深刻道理，从此之后他再也不自以为是，而是想方设法进行自我认识，进行客观的自我评价。正因为如此，他才能不断激励和鞭策自己，发挥自身的优点，最终成为举世闻名的科学家。

对于任何人而言，作出正确的自我认知都是很难的事情，也是人生之中一门高深的学问。尤其是对于那些自以为了解自己的人而言，其实他们根本对自己一无所知，所以才会自认为了解自己。纵观古今中外，一切成功人士无一不是在正确认识自我的基础之上，才能扬长避短，最终找到属于自己的成功之路。古人云，知己知彼，百战不殆。这个道理不仅适用于战场，也适用于我们的人生。

人生与时俱进，你也不再是从前的你

如今的时代正处于飞速发展之中，社会上的一切都日新月异，作为社会主体的一分子，我们也应该保持与时俱进，顺应时代和潮流的发展，这样才能始终走在时代的前沿，紧跟时代的步伐，不至于被淘汰。

记得成龙曾经主演过电影《我是谁》，在影片中他因为失忆，无法回想起自己的来路和去路。其实，人生中同样有很多人不清楚“我是谁”，究其原因，是因为他们从来不曾准确定位自己，更没有在必要的时候了解自己的内心。

面对“我是谁”这个问题，很多人都会陷入同样的困境，因为他们不由自主地想从过去的经验中对自己作出总结，从而下一个定论。但遗憾的是，他们反而更加困惑，因为此刻的他们已经不是从前的他们。就像《刻舟求剑》的故事一样，也许剑的确是从船弦刻出印记的那个地方掉下去的，但是随着船不停地行驶，再加上水面下流水滚沙，所以剑早已不在船弦对应的位置下。人生也是如此，不但我们面对的客观世界在不停地改变，我们自身也在不断地成长和成熟，因而现在的我们早已不再是曾经的我们，一切都变了。在这种情况下，假如我们依然坚持故我，则一定会因为不合时宜造成很多困惑，也使人生陷入窘境。正是基于这种心理，我们要避免给自己贴上标签，唯有时刻保持进取的状态，我们才能与时俱进，也才能有所成就。

大学毕业后，小张进入现在的这家公司工作，却因为缺乏经验，在进入公司三个月的时候，搞砸了一个项目。尽管上司并没有过多地指责小张，但是小张却始终耿耿于怀。他自知自己的失误给公司带来了巨大的损失，因而在后续的工作中，他始终战战兢兢，一刻也不敢放松。

转眼之间，小张来到公司已经两年多了。在这两年多的时间里，上司一直在观察小张，最终判定小张是一个对待工作勤勉认真的人。因而当公司接到一个大项目时，上司居然再次把它交给小张负责处理。对此，小张为难地说：“领导，不是我不愿意为公司效力，实在是我能力有限。你还记得吧，我两年前搞砸了公司的一个项目，导致公司蒙受了损失。假如这样的情况再次上演，我真的无颜继续留在公司里。”上司笑着说：“今日的你，已经不是两年前的你了。在这两年的时间里，你在工作上一点一滴的表现我都看在眼里，记在心里。我相信，现在的你一定有能力承担起如此艰巨的任务，而且凭借你的实力和经验，以及对待工作严谨认真的态度，你也一定能把这个任务圆满完成。”

看着上司信任的目光，小张觉得有些羞愧，心中还是忐忑不安。上司说：“怎么，我都相信你，你自己却不相信自己吗？可别让我小瞧你啊！”在上司的激将法下，小张一咬牙，说：“放心吧，领导，既然你如此器重我，我一定不会让你失望的。”就这样，小张承担下项目，并且最终果然如上司所说，他圆满完成了项目，为公司赚取了巨大利润。

两年的时间对于一个勤勉上进的年轻人而言，无疑意味着很多。也许小张因为曾经给公司造成损失，导致心有余悸，但是上司却很清楚他一直在进步。为此，上司才能放心地把重要的项目交给他来处理，也愿意给予他挑大梁的机会。

我们常说不要以老眼光看待他人，在这里，我们还要说不要以老眼光看待自己。这是一个日新月异、发展神速的年代，我们不管是对待事情还是对待人，都应该坚持以发展的眼光看待。唯有如此，我们才能获得最真实的感受，也才能尽情拥抱人生的变化，享受这些变化给我们带来的欢欣和喜悦。

把自己看成钻石，才能璀璨夺目

有些人总是妄自菲薄，自轻自贱，把自己卑微到尘埃里。这样的人往往缺乏自信，而且没有足够的勇气和毅力面对人生的困境，最终他们必然在对自己一次又一次的否定中，最终迷失自我，失去自我。

倘若一个人突然失去光明，人生将会如何？当然会感到万分悲惨，毕竟从光明进入黑暗的滋味并不好受，也不是那么容易适应的。当然，这样的厄运不会时时发生，我们真心希望每个人的生活都充满光明，阳光普照。但遗憾的是，命运总是与我们作对，使我们的人生就像失明一样陷入黑暗。这时，假如我们依然自轻自贱，缺乏自信，则人生一定会彻底沉沦下去。只有那些就算满天乌云蔽日，也能够坚持以希望之心对待这一切的人，才能以阳光驱散黑暗，让人生重新迎来光明。这一切的前提条件是，我们要把自己看成是璀璨夺目的钻石，而不是和黑暗一般颜色的煤炭，这样我们才能在黑暗之中依然熠熠闪光。

也许有人会说："世界上哪里有我这样普通而又平凡的钻石呢？"没错，你也许的确很平凡，还很普通，是那种放在人堆里就找不到的人。然而，每个人都是这个世界上独一无二的存在，也都是与众不同的。而且，每个人既有自己的短处，也会有自己的长处，我们何不多多看到自己的长处，将其发扬光大呢！否则，倘若我们一心一意地只盯着自己的短处看，一定会对人生越来越悲观失望，直到彻底失去信心。

就像一个人的微笑具有神奇的魔力，不但能够打开他人的心扉，也能让自身变得轻松快乐一样，当我们自以为是钻石时，我们的人生也会被钻石的光芒点亮。

举世闻名的物理学家爱因斯坦，一生之中为科学事业献身，为整个人类都作出了杰出的贡献，因而才能名垂青史。然而，有谁能想到爱因斯坦小时候曾经被怀疑是一个低能儿，甚至直到九岁时依然无法顺畅地用语言与他人进行交流。

除了数学之外，就读中学的爱因斯坦每门成绩都特别糟糕，为此老师对他信心全无，甚至劝说他选择退学。因为老师心中已经认定，他不管怎样都不可能有好的前途。事实也的确如此，直到高中时期，爱因斯坦也是经过连续两年的考试，好不容易才得到苏黎世理工学院的录取通知书。

大学毕业后，爱因斯坦的就业之路更是充满坎坷。眼看着他的大学同学都顺利找到工作，他却始终赋闲在家。总而言之，爱因斯坦从小到大都是他人眼中的失败者。但是对于自己的人生出路，爱因斯坦始终坚定不移。原来，他自从进入大学之后，就开始集中所有时间和精力研究物理学，他相信自己一定能够在物理学领域有所建树。即便是在艰难的失业阶段，他也依然坚持不懈地深入学习和研究物理学，从未有过一刻的荒废。正是因为他如此坚定执着，坚信自己是物理学领域的璀璨钻石，他才能为提出相对论思想奠定坚实的基础，也才能在人类历史上名垂千古。

毫无疑问，爱因斯坦很有自知之明，也坚定不移地相信自己是物理学领域的钻石。正是因为如此自信和执着，他才能排除万难，始终对物理学投入巨大的热情，最终提出了相对论，让自己在人类的进步和发展史上作出杰出的贡献。古今中外，很多科学领域的天才都不是全才。他们在某一特定领域表现出杰出的才能，而在其他方面都表现平平。他们之所以最终能够获得成功，就是因为他们很清楚自己是钻石，也坚信自己终有一天能够璀璨夺目。

只要我们意念坚强，人生终究会朝着我们所期待的方向发展。尤其是对于自己的未来，我们唯有坚信不疑，才能真正像钻石一样发出光芒。与之相对地，假如一个人总是不停地否定自己，非常自卑，那么他不可能拥有成功的人生。朋友们，只要能够找到提升和完善自己的方式，我们就能够取得事半功倍的进步，也就能够在人生路上创造更多的辉煌。从此刻开始，让我们告诉自己：我就是钻石！当你这么做了，你一定会变得耀眼夺目。

记住，金无足赤，人无完人。在任何时候，我们都要坦然接受自己的缺点和不足，也要客观评价自身的优点和长处，唯有如此我们才能认可自己，充分发掘自身的价值，从而帮助自己成就精彩的人生。一个自以为是黑煤炭的人是成为不了钻石的，反之，假如一个人自认为是钻石，他就一定会如同真正的钻石一样散发出耀眼夺目的光芒！

挖掘自身潜能，实现人生的奇迹

你的能量，超出你的想象！这是在电视上很常见的红牛广告，今天，我们要对每一位读者朋友说：你的能量，超出你的想象！

每个人都拥有潜能，所谓潜能，顾名思义就是一个人还没有明确表现出来的、潜在的能力。有位名人曾说，其实每个人的客观条件都相差无几。那么，为什么有的人获得成功，有的人却一生碌碌无为，还时常与失败为伍呢？真正的原因并非在于客观条件的差距，而在于那些成功者都充分发掘了自身的潜能，因而能够利用潜能的巨大力量不断向前，突破自我，超越自我，实现自我。相反，那些人生的失败者则根本没有唤醒自己的潜能，他们或者是因为不知道潜能的存在，或者是因为缺乏顽强不屈的毅力，所以导致自身发展受到禁锢，最终一事无成。

记得曾经有过一篇报道，说一个人下山的时候遭遇山洪，情急之中躲进山洞，后来山洪过去，他却发现洞口被一块巨石堵死了，因为这个山洞人迹罕至，所以等待救援显然不现实，所以他或者推开巨石求生，或者只能活活饿死在山洞里。思来想去，这个人害怕极了，居然使出浑身的力气，把巨石推开了，从而成功地从山洞里逃出来。事后，等到他再次想要推动巨石时，却发现无论多么用力，都无法使巨石移动分毫。那么，他到底是如何从山洞中逃生的呢？事实就是，他的确依靠自己的力量推开了巨石，他那是在生命受到威胁的情况下而爆发出强烈的求生欲望。而一旦脱离困境，他自感生命无虞，自然不会再那么急迫和惊恐。由此一来，他暂时爆发出来的潜能也就消失了。这是一个真实的事例，其实生活中这样的事例并不少见。不管是在唐山大地震还是在汶川大地震中，我们都看到无数的老师、父母，为了保护年幼的孩子，爆发出巨大的潜能。在汶川地震中，谭千秋老师让学生躲藏在讲台下面，自己则用身体撑起沉重的预制板，为孩子们撑起了生的希望。放在平时，一个人的躯体很难拥有如此巨大的力量，但是恰恰是作为老师的大爱，让谭千秋老师创造了生命的奇迹。

近年来，也有很多心理学家深入研究潜能。毕竟，潜能就像人们身体里的一座金矿，哪怕只发掘出一部分来，也能创造出巨大的能量。还有一些催眠家，专门将人催眠，以此激发出人们潜在的力量。实验的结果往往让人惊叹不已，那些被催眠者之中有很多人都表现出让人不可思议的一面。由此可见，每个人的身体里都蕴藏着无限的能量，这些能量静静地蛰伏在我们心灵深处，只等待合适的机会喷薄而出，助力我们创造生命的奇迹。

直到初中毕业时，丘吉尔的学习成绩依然很糟糕。祖籍爱尔兰的丘吉尔因为学习太差，从未得到过老师的认可和赞许，老师甚至公然给他贴上“低能、愚钝”的标签，断言他的人生必然黯淡。然而，丘吉尔并没有因为老师的话就给自己判定死刑。相反，不服输的他一直在努力，并且在服兵役期间阅读了很多书籍。最终，他不但提高了自己的词汇量，使自己成为掌握单词的无冕之王，而且成为一个著名的演说家，总是能够以充满激情的话语，让听众为他热血澎湃，激动不已。

在任职首相时，丘吉尔发表的就职演说——《除了能把热血、辛劳、泪水和汗水贡献给你们之外，我一无所有》至今依然是演讲的典范。由此可见，丘吉尔对于语言的驾驭能力已经到了炉火纯青的地步，他的人生之所以能获得成功，与他不懈努力密切相关。

有很多人在语言方面都天赋异禀，有着特别突出的能力。丘吉尔凭借热情洋溢的演讲打动了民众的心，还有美国总统林肯等历史伟人，也在语言方面有着杰出的能力。由此可见，尽管掌握语言是很难的挑战，但是这个挑战并非不可能实现。只要我们激发出自身的潜能，就一定能够在学习语言的道路上创造奇迹。

曾经，德国的格斯基尔马教授足足掌握了120种语言，直到82岁高龄，他也依然没有放弃对语言的研究和学习。听起来，这件事情让人觉得不可思议，但是他真的做到了。朋友们，人生之中总会面临着各种艰难的处境，也会面对很多看似无法实现的挑战和超越，在这种情况下千万不要轻易放弃，只要我们坚持努力，毫不懈怠，就像攀登高峰一样，我们总能到达顶峰，这时才能尽情享受一览众山小的美妙。

当然，激发潜能也并非我们所想象得那般容易。最重要的在于，我们要找到打开潜能之门的密码，然后再掌握激发和运用潜能的技能，这样才能让潜能乖乖地为我们所用，也才能帮助我们冲破意识的束缚，达到人生的巅峰。赶快试试吧，当你的潜能变成你切实的能力，你一定会告别平庸，走向人生的辉煌!

认识优点，才能充分发挥优点

生活中，我们常常被问及自身的优点是什么，对于这个问题，有些谦虚的人总觉得难以作答，因为他们既不好意思夸大其词地放大自己的优点，又担心因为过于谦虚，导致无法表现出自身的真实水平和能力。当然，也不乏有些人无言以对，因为他们根本不了解自身的优点是什么。不得不说，这是对于人生的极大禁锢，因为一个不知道自己的优点是什么的人，肯定无法充分发挥自身的优点。

木桶理论告诉人们，一只木桶究竟能够存储多少水，并非取决于这只木桶的长板，而是取决于这只木桶的短板。因而要想提升一只木桶的存储量，最卓有成效的办法就是补足短板，使其变得与长板一样长。听起来，木桶理论非常有道理，而且富含哲理，因而有些人就把木桶理论套用到人们的身上，觉得一个人要想提升自我，也必须补足缺点。殊不知，这样的想法是大错特错的。众所周知，每个人的时间和精力都是有限的，一个人即使拥有三头六臂，也不可能在生活和工作中面面俱到。尤其是在现代社会，竞争如此激烈，生存压力越来越大，一个人要想立足于社会，就必须发展自己的核心竞争力，这样才能为自己赢得一席之地。所谓核心竞争力，顾名思义，就是能够支撑一个人与其他人展开竞争并且取胜的能力。可想而知，这种能力必然是人的长处和优点，而不可能是由缺点转化而成的。所以我们与其把宝贵的时间用于弥补缺点，不如更加集中精力发挥自身的长处和优点，从而使得人生拥有更多的选择，也拥有更强的竞争力。由此不难看出，一个人正确认识到自身的优点是多么至关重要的事情啊！

正在读大四的李萌和所有同学一样，如今每天除了准备毕业论文，就是四处奔波找工作。他几乎每隔几天都要参加一次面试，不过结果都不太理想。原来，即将走出象牙塔的他对于现实还没有清醒地认识，总是想得到最心仪的工作，最终导致高不成低不就。有些已经找到工作的同学劝说李萌不要对找工作太认真，还说可以骑驴找马，先养活自己再慢慢考虑未来的事情。然而李萌却坚持自己的想法：第一份工作对人生至关重要，必须慎重对待，才能减少人生之中的冤枉路。

经过一段时间的努力，李萌终于再次得到一家大企业的面试通知。他费尽心思，作足准备，整个面试都很顺利，但是在回答最后一个问题时，却有些坎坷。面试官问："你觉得自己的优点是什么？"李萌说："我的自学能力很强，我除了在读的学历之外，还有自学考试的本科学历。"不想，面试官摇摇头，说："我们公司很多人都有双学历，学习能力是我们用人最基本的要求。”李萌又说：“我在校期间经常参加社会实践，有丰富的实践能力，对工作也一定适应很快。”面试官依然笑着说：“实践能力在参加工作之后很快就会得到提升，算不上是特别的优点。”李萌思来想去，又说了自己的好几个优点，都没有打动面试官。最终，他突然灵机一动，说：“我很认真执着，做事也有原则，我觉得这也是我的一个优点。比如我的很多同学轻而易举就找到了工作，但是他们的初衷是骑驴找马，一边工作养活自己一边再寻找更合适的工作。尽管他们也劝说我这么做，但是我认为这样的行为对于公司和我们自身而言都是很不负责的。我一直在坚持找一份让自己相对满意的工作，这样我才能集中所有的心力投入，从而避免因跳槽给自己和公司带来的损失。我的目的是在一家有实力、有规模，也有潜力、有前景的公司工作，从而谋求长远的共同发展。”李萌的话音刚落，面试官就露出了满意的微笑，说：“这的确是你的优点，也是我们用人单位比较欣赏的。”

就这样，眼看着就要宣告结束的面试，在李萌的灵机一动中出现转机，最终柳暗花明，皆大欢喜。其实，每个人都有自身的优点，这一点毋庸置疑，需要注意的是，优点并非有固定的所指。在现实生活中，有些人对于优点的观点有失偏颇，他们就像有些影视剧塑造英雄人物一样，恨不得在优点的衬托下把自己说得完美无瑕。其实，金无足赤，人无完人，哪里会有人是绝对完美的呢？因而，我们必须多角度发掘自身的优点，才能展示出一个生动鲜活、有血有肉的自己，也才能让自己的优点得到他人的认可。

认识自身的优点，是充分发挥优点，形成核心竞争力的前提和关键。当然，人都是主观的，在看待自己的时候也难免带有主观色彩。我们在确定自身优点时，一定要尽量客观公正，这样才能正确评价自己。当觉得无法跳脱出主观色彩时，也可以征询身边人的意见，听一听他们对我们的看法，这样也可以综合他们的意见，从而更加公正地评判自己。

有时，缺点也会变成优点成就我们

提起优点，每个人都会眉飞色舞，也会感到非常骄傲自豪。然而，提起自身的缺点，则人人都想要回避，甚至连提起都不想提起。的确，缺点总是让人尴尬的，就像是人生的短板一样给人拖后腿，因而让人无法面对。不过，凡事都是相互转化的，我们要采取辩证的眼光看待问题，也要采取与时俱进的态度对待人生的一切。唯有如此，我们才能坦然面对自身的缺点，并在恰到好处的时候把缺点变成优点，如此一来岂不皆大欢喜？

没错，缺点并非永远都是缺点，正如在不同的背景下，事情总是有不同的发展一样。当我们改变缺点的背景，缺点也有可能转化成优点，甚至还能成就我们，给予我们意外的惊喜和收获呢！这个世界上没有绝对的缺点，也没有绝对的优点，随着事态的不断发展，缺点和优点之间也在不断转化，甚至让人有些目不暇接。因而我们需要做的，就是给缺点提供适当的能够促进转化的条件，正如我们种下一颗种子就要给它阳光、空气和水一样，缺点也只有在适宜的条件下才能实现转化。当然，这里所说的适宜并没有硬性的指标，而是要恰到好处，要把握时机，也要掌握方法。

很久以前，有个健康的男孩因为一场意外的车祸，导致左臂严重受伤，不得不截肢。对于这个小男孩而言，这个打击无比沉重，从此之后他就要带着残缺的肢体度过一生。后来，父母看到男孩很喜欢柔道，就把他送到一位柔道大师那里学习，接受大师的调教。据说，这位柔道大师赫赫有名，武功高强，想向他拜师学艺的人早就排成了长队。男孩的父母也是费尽心力，才让男孩如愿以偿成为大师的徒弟。然而，自从跟随大师开始学习之后，足足过去了一年多，大师只教给男孩一个非常简单的招数。原本男孩以为大师一定是另有深意，因而始终忍耐着没有提出疑问，但是当看到一年多之后大师依然让他进行简单枯燥的练习时，他实在按捺不住问：“师父，我什么时候才开始学习其他的招式啊？”师父摇摇头，说：“你不需要学习其他招数，只要这一招，你如果能练得炉火纯青，就能够一招制敌。”男孩还是不明白师父的心思，但是既然师父这么说了，他也就不再问，继续勤学苦练，每天都练习那个最最简单的招式。

转眼之间，又一年过去了，此时男孩已经跟随大师学习了两年多的时间。为了检验男孩的学习效果，大师带着他参加了柔道比赛。原本男孩非常忐忑，毕竟他只会一个招式啊，然而结果让他大吃一惊。原来，他不但轻而易举就赢得了前两轮比赛，还在第三轮的时候躲避过对手的连环出击，最终依然以那个招式赢得了比赛。这个结果，让男孩顺利进入了决赛。男孩刚刚得到的喜悦又被紧张和担忧冲淡了，他不知道自己此前的侥幸还能否继续下去。

决赛开始，决赛的选手看起来比初赛更加强壮，而且水平也更高，最重要的是他们还有丰富的比赛经验。男孩简直有些绝望，想要放弃比赛，又不甘心，因而只好硬着头皮参加了比赛。在对手的接连强攻下，男孩有些应接不暇，看到男孩只有一只胳膊，裁判很担心他会被误伤，因而叫停了比赛。但是，大师坚持让男孩继续比赛，只是绝口不提原因。正当男孩眼看着就要被击败时，对手似乎因为一直占据上风心生懈怠，此时男孩抓住机会使出了自己的杀手锏，居然还是一招制敌，男孩赢得了比赛，成为了冠军。在领奖台上，男孩依然不知道自己是怎么赢得比赛的。

他刚刚从领奖台上下来，就迫不及待地问大师：“师父，我到底是如何取胜的呢？”大师笑着说：“你之所以能取胜，就是因为你失去了左臂。你的身体条件使你很容易就能掌握柔道中看似简单实则最难的招式，又因为对手只有伸出手来抓住你的双臂才能破解你这出神入化的一招，所以他们注定要失败。”原来如此，男孩因为车祸失去的左臂，恰恰使他在柔道比赛中占据了优势，而且把那个极简极难的招式练得出神入化。

正是因为大师的精心安排，男孩的缺点才能变成优点，甚至成就了他的人生。从男孩的经历上不难看出，在合适的条件下，一个人的缺点很有可能变成优点，甚至助力人生的成功。

当然，把缺点变成优点并非说说这么简单，最关键的在于认清楚自身的缺点和优点，而且要能够扬长避短。朋友们，如果你们还在因为自身的缺点感到苦恼，不妨也学习大师，巧妙地把缺点变成优点吧。这样一来，我们的实力一定会极大增强，我们的人生必然也会变得越来越精彩！

第05章
去你想去的地方，过你想过的生活

一个人不管如何选择，都很难得到让所有人都满意的结果。既然如此，我们就没有必要一味地改变自己，迎合他人，因为归根结底，我的人生我做主，即便失败了也不会因为委屈自己感到遗憾。只有真正的勇敢者，才能按照自己的意愿度过人生；也因为有足够的自信，他们能够坦然迎接命运的馈赠，最终获得梦寐以求的成功。记住，你不是别人的附属品，你完全应该拥有属于自己的人生，按照自己的意愿过自己想要的生活。

勇敢展开行动，才能真正改变人生

对于人生，每个人都有无限的憧憬和渴望，希望人生能够顺遂如意，希望人生能够获得巨大的成功，希望自己头顶光环，希望自己得到所有人的羡慕和仰望……诸如此类的愿望，每天都在我们心中回响，然而我们最终会发现人生在空想之中永远处于停滞状态，因而无论梦想多么璀璨，理想多么远大，假如没有勇敢展开行动，一切都会变成白日梦，永无实现的可能。人生要想取得真正的成就，就要展开切实行动，因为只有行动才能推动我们在人生的道路上不断前行，也使我们拥有更多的可能性。

在封建社会，人们出于对未知大自然的敬畏，由此制定了很多封建迷信的禁忌，也因此那时的人们畏手畏脚；更因为一旦触犯禁忌就会给整个氏族或者部落的人带来灾难，所以更加谨言慎行。他们视禁忌为雷池，从来不敢轻易超越雷池半步。由此世代传承，每个时代都有其鲜明的特色，禁忌也随着统治者的需要不断地改变着。直到现代社会，这些禁忌之中依然有很多方面在影响着我们的生活，由此可见，思想的囚笼想要打破，并没有那么容易。

其实，要想打破禁忌，让人们相信一切的禁忌并非传说中那么神乎其神，最重要的就是展开行动。唯有如此，我们才能验证禁忌并非不可触犯的，那只是一个迷信的传说而已。前些年，通过教育培养出来的人才整齐划一，这也是因为孩子们从小就被教育要中规中矩，不能超越雷池半步所致。直到近年来，人们才意识到发展每个人独特性的重要意义，因而提倡因材施教，因势利导，不再主张强硬地磨平孩子们的棱角和个性。这就是时代的进步。

作为每个独立的个体，我们往往因为对未知的恐惧，导致自身也缺乏创新能力，对未来产生恐惧心理。其实，只要我们勇敢地展开行动，迈出人生的第一步，我们就能成功改变人生。每个人都要有“敢为天下先”的精神，历史的车轮始终滚滚向前，我们的人生也应该与时俱进。纵观古今中外，那些能够切实改变自己，且改变世界的人，无一不具有勇敢果决行动的精神。

很久以前，有位年轻人每天做梦都想发财，所以他几乎日日去教堂里虔诚地祈祷：“上帝啊，我是你忠诚的子民。看在我数年来对您忠心耿耿的份上，请求你让我中大奖吧，我一定会慷慨解囊，多行善事，弘扬您的真善美！”数年来，他的祷告词从未改变过，然而，他依然非常贫困，而且生活变得越发艰难。有一天，他怒气冲冲地来到教堂，质问上帝：“上帝啊，为何你不愿意对我略施援手呢，我的日子简直没法过啦！”此后接连数天，他都如此祷告，最终上帝忍无可忍，他生气地说：“这么多年来，我的耳朵都快被你磨出老茧来了。你总是祈祷中大奖，但是你至少应该先去买一张彩票，我才有机会帮你吧！”

上帝的委屈让人啼笑皆非，的确，假如年轻人从未买过彩票，即使上帝有心成全他，也没有机会。生活中，有很多人都和那个年轻人一样，总是等着天上掉馅饼，白日做梦，却从不有所行动，最终使所有的梦想与期望都成为镜中花，水中月，根本没有实现的可能。看到这个让人哭笑不得的事例，我们是否也应该反省自身，让自己真正地展开行动，迎接人生的机遇和挑战呢？

我们要想让人生有所成就，必须马上展开行动，既不要期望天生掉馅饼，也不要说那些不切实际的假大空的话。任何理想都必须付诸实践，才能真正成为现实，否则再伟大的理想都会成为空想，人生也必然因为这样的空想陷入空虚之中。正如一句广告词所说，心动不如行动，朋友们，与其白白浪费口舌空说理想，不如切实展开行动。当你动起来的时候，你会发现自己的人生变得截然不同，同时你也会拥有更多的机遇，从而真正改变人生。

也许有人会说，行动就一定能成功吗？答案当然是否定的。行动未必会取得成功，但是能够推动我们朝着理想前进，距离成功越来越近，哪怕遭遇失败，也能够帮助我们积累更多的经验教训，从而使我们下一次的尝试事半功倍。与此相反，假如永远只是空想，尽管避免了失败，但是也使我们与成功彻底绝缘。人生中真正的强者，一定会勇敢无畏地展开行动，从而推动人生不断向前，向前，再向前！

走自己的路，让别人说去吧

正如大文豪鲁迅先生所说，这个世界上本没有路，走的人多了，也便成了路。的确，世界上的很多路，都是因为走的人多，所以才渐渐有了路的雏形。然而，一条路刚开始时总要有一个人走上去，这个人在最初踏上这条路时也许并不被他人看好，甚至遭到很多诟病。在这种情况下，是坚定不移地继续走下去，还是听从他人的建议换一条已经被众人走出来的路去走，决定权完全在于我们自己。

有些胆小怯懦的人，从来不敢走别人未走过的路，即使心中向往这条独属于自己的人生之路，他们最终也会作出妥协，宁愿相信别人也不愿相信自己。相比之下，那些勇敢坚定的人则不会轻易改变自己的想法，更不会因为他人妄加评论就改变自己的选择。正是这些人，坚定不移地走出了自己的人生之路，也获得了最后的成功。

其实，人生在世，作为活在社会群体中的一员，我们的言行举止难免受到他人的评论，当然也会得到一些人的支持和赞许。在这种情况下，但丁给出了我们正确的答案：走自己的路，让别人说去吧！的确，既然我们无法迎合所有人，而唯独我们才知道自己内心最真实的渴望，那么我们理所当然应该遵从自己的内心，这样才能活出独属于自己的精彩。

纵观古今中外，那些做出特殊成就、青史留名的人，无一不是有想法、有创见的人。他们一旦认准了人生道路，就不会轻易改变自己的想法，而是坚定不移、排除万难地走下去，所以最终才能拥有与众不同的人生，也才能获得独属于自己的成功。

很久以前，有位大名鼎鼎的画家自视甚高，总觉得他的画一定能够得到所有人的欣赏和喜爱。因而有一天，他专心致志地画了一幅得意之作，又将其拿到集市上展示给别人看。为了让众人都能表达对这幅画的赞美之词，他特意在画架的旁边留下一支笔，并且公示：“假如您觉得画有需要改进的地方，就请在画上做出相应的记号。”后来，画家就回家了，因为他觉得假如他不在场，人们更容易畅所欲言。然而，当下午他再次来到集市上时，却惊讶地发现他的画上被画满了记号，甚至没有任何一笔或者一处的着色是能够让所有人满意的。看着满目疮痍的画，画家不由得信心全无，他沮丧地拿着画回到家里，愤愤然撕掉了自己辛辛苦苦画好的话。

妻子问他：“你怎么了？”他把事情的原委说了一遍，妻子笑着说：“我能让大家都赞赏你。”在妻子的安排下，他又画了一幅画，并且在下次集市的时候，又把画挂在集市上供人观赏。只不过，这次他在画旁放了一支笔，并且公示：“您觉得这幅画的哪一处比较好，烦请指出。”傍晚时分，眼看着日落西山，他才怀着忐忑的心情去了集市，却发现画和上次一样被圈点得密密麻麻，只不过这一次人们指出的都是画的优点和可取之处，而不是缺点和不足。他恍然大悟：原来，一个人不管如何努力，都不可能得到所有人的满意。因而，人最重要的就是坚持做自己，总有一天会得到他人的欣赏和认可，所以无须对于他人的指责和不满耿耿于怀。最重要的就是，我们必须保持自己的特色，坚持走自己的路。

一幅画，既遭到很多人的否定和批判，也得到很多人的认可和赞许。做人也是如此，就像这幅画一样，既不可能博得所有人的满意，也终究能够找到赏识自己的人。因而我们与其削足适履，不断改变自己以适应他人的评判标准，不如坚持做自己，坚持活出自己的特色，这样才能拥有属于自己的精彩。

每个人都应该记住，只有我们自己，才是人生的主宰，既然如此，我们就要成为一名合格的掌舵手，尤其是当人们的流言蜚语来袭时，我们更要坚持自己的原则，坚定不移地走好属于自己的人生之路。也许我们在人生的旅程中会遭遇风雨泥泞，然而这一切都是我们无怨无悔的选择，我们只需要继续前行，就能拥有与众不同的人生。

你不可能赢得所有人的满意

一个人能做到最优秀吗？答案当然是否定的，因为人外有人，天外有天，一个人再怎么努力，也不可能达到优秀的巅峰，总是还有很多进步的空间，因而人生前进的道路总是永无止境的。在生活中，很多人渴望让自己得到更多人的认可，甚至得到所有人的赞许。但遗憾的是，这个梦想绝无实现的可能。归根结底，我们不管多么优秀，都不可能得到所有人的肯定，既然如此，我们就应该更加理智地对待现实，从而帮助自身获得良好的发展。

从个性化的角度而言，每个人的审美观都是不同的。举个最简单的例子，一个非常漂亮的女明星，既有很多粉丝疯狂地追她，也有很多人根本都不喜欢她；既有人说她美若天仙，也有人说她长相平平，甚至认为她丑。这还是仅就外表的因素来看，当涉及深层次的内涵，人们更是会给出完全不同的评判和定论。由此可见，一个人不管是美是丑，也不管是善良还是邪恶，总是无法得到所有人的肯定，因为每个人都是与他人不同的独立个体，都有着自身的人生观、世界观和价值观，而且大家的脾气秉性、人生经历、成长背景和教育程度等，也都是完全不同的。即便是一母同胞的双胞胎，也会存在很多巨大或者细微的差异，这一点毋庸置疑，也无法改变。认清楚这个事实之后，我们还有必要为了博得他人的肯定而不辞辛苦吗？聪明人一定会更好地反思自身，坚定不移地坚持自己的本性和特色，从而赢得独属于自己的人生。

很久以前，有一对父子一起去集市上，想把自己的家驴子卖掉，换钱用。他们一大早就牵着驴子朝着村外走去，走到村头时，有一对小姐妹对父子俩指指点点，窃窃私语："他们俩可真好笑，明明牵着驴子，却偏偏要走路，难道不能骑驴吗？真是傻到家了。"父亲听到小姐妹的话，觉得很有道理，因而赶紧让儿子骑在驴背上，自己牵着驴继续朝前走去。

很快，他们就走出村子，恰巧遇到了邻居。邻居看到儿子骑着驴，父亲却牵着驴，因而说："喂，你可不要把孩子惯坏了，小孩子走路怕什么，反倒是你老了，应该骑驴呢！"父亲觉得邻居说得很有道理，因而让孩子从驴背上下来牵着驴，自己则骑在驴背上继续朝前走去。在邻村的村头，有几个妇女正在闲聊，看到父子二人和驴子，不由得大声指责："你这个人真是可怕，你是孩子的亲爹吗？这么小的孩子，你就让他如此辛苦，自己却享受地坐在驴背上。摊上你这样的爹，孩子真是可怜啊！"父亲听到妇女们的指责，马上让孩子也骑到驴背上，继续朝着集市走去。然而，父子俩一起骑驴，显然让可怜的小驴不堪重负。很快，驴子就气喘吁吁，东倒西歪了。不过父亲浑身轻松，并没有觉察到驴子的异样，还高兴地在驴背上哼起了歌儿呢！

眼看着快要到集市了，当他们路过教堂时，一位牧师怒气冲冲地叫住他们，说："你们也太残忍了，居然让这么弱小的驴子驮着你们两个人，不觉得残忍吗？"父亲告诉牧师："我们准备去集市卖驴子啊！"牧师声色俱厉地说："假如你们继续一起骑驴，只怕到不了集市，驴子就会被累死了，到时候你们肯定竹篮打水一场空。"父亲觉得牧师说得也很有道理，因而马上和儿子一起从驴背上下来，在牧师的建议下，他们找到一根粗壮的木棍，把驴子四蹄一绑，抬起来继续走。

到了集市一头的小桥边，父子俩累得气喘吁吁，筋疲力尽，因为小桥太窄，又因为驴子不停地挣扎，他们居然和驴子一起摔到了河水里，浑身湿透，狼狈不堪，驴子的腿也被扭断了。父亲沮丧地说："这都是我们没有主见的结果啊！"最终，他们不得不花钱雇了一辆车，把因为受伤而卖不出去的驴子又运回了家里。

在这个事例中，父子俩完全是因为盲目听从他人的意见，所以不停地改变自己的方法，最终导致狼狈不堪。事实证明，不管他们怎么做，总有人对此感到不满。既然如此，我们要想不受他人摆弄，最好的办法就是理智分析问题，作出最终的决定，从而坚定不移地按照自己的想法去做，这样也避免了因为被人说三道四而心神不宁。

尤其是在人生中，每个人都面临着各种各样的选择。当然，为了作出更加明智的选择，我们也可以尽量多听听他人的意见，综合考量。但是需要注意的是，我们对他人的意见只能参考，而不能照搬，否则有无数个他人给出意见，我们也就完全失去了主见。人们常说人言可畏，一则是流言蜚语会给人们的生活带来不必要的麻烦，二则人们也会因为他人随意发表意见，导致心神不宁，无法打定主意走自己的路。所以朋友们，从现在开始就坚定不移地做好自己吧，你只有活出最出色的自己，才能最终得到他人的认可和肯定，也才能使我们的人生简单纯粹，绝不三心二意。

独辟蹊径，助你获得与众不同的人生

尽管人们常说不以成败论英雄，但是在现实生活中，大多数人还是情不自禁地将人以成功和失败进行简单的归类，似乎这个世界上除了成功者就是失败者，除此之外再也没有其他。毋庸置疑，每个人在人生路上都渴望得到成功，也不希望与失败形影相随。似乎失败就是洪水猛兽，将会彻底毁灭我们的人生一般，其实失败并非我们所想象得那么可怕，大多数人的成功都是在失败的基础上得到的，因而很多人都说失败是成功之母，失败是成功的阶梯。

现代社会处于信息大爆炸的时代，尤其是各种通讯技术的发达，也使得信息时刻充斥着我们的生活。正因为如此，信息的更新速度对于我们的生活影响越来越大，有的时候及时得到信息就能获得成功，反之则会贻误先机，导致被动。由此，社会上诞生了很多好创意、金点子公司，帮助人们借助信息抢占先机，从而获得成功。需要注意的是，只有好的创意还是不够的，一旦错过时机，就会使好主意变得没有任何含金量，也使我们距离成功越来越远。那么，如何才能把握先机呢？做生意的人都会有这样一个感触，即当一门生意已经毫无秘密可言，且有很多人都蜂拥而上时，则意味着这门生意不会取得良好的收益，甚至还会赔本。相反，只有在一门生意刚刚出现，甚至根本没有人意识到商机的情况下，我们勇敢地成为第一个吃螃蟹的人，才能做好独门生意，获得丰厚的利润和回报。就像走路一样，一条路如果走的人多了，那么即使很宽敞的路也会变得拥挤起来，甚至像独木桥一样难以通行。与相对地，假如我们走的是人迹罕至的独木桥，尽管狭窄，但是只有我们从容地通过，那么这个桥也是相对宽敞的，而且还因为独辟蹊径，我们更能够抢先于别人看到独特的风景。人生也是如此，就像是走独木桥，唯有在他人都不知道的情况下独走捷径，才能抢先到达目的地，尽情欣赏人生的风景。

尽管已经在女性服装设计方面获得了成功，但是皮尔·卡丹作为举世闻名的服装设计大师，并没有就此满足。他很喜欢创新，也富有钻研精神，因而马上开始思考更加深刻的问题："既然不管是男人还是女人，都需要穿衣服，为什么服装设计仅仅针对女性，而不能把男性时装也涵盖在内呢？"当时，法国时装界对于时装还存在着传统的偏见，即所谓时装设计只能针对女性时装，倘若某一位设计师设计男性时装，则不为传统所接纳，甚至会遭到人们的诟病。皮尔·卡丹偏偏对设计男性时装产生了强烈的欲望，最终，他决心一定要打破传统，设计出让世人瞩目的男性时装作品。

1959年，皮尔·卡丹在巴黎举办时装展示会，隆重推出他潜心设计的男性时装。他的这一举动无疑在世界的时尚之都——巴黎掀起了巨浪，很多服装设计的权威人士和前辈们纷纷把矛头指向他。在短短的时间内，皮尔·卡丹从有名望的设计师成了众矢之的，他不但名誉受损，而且经济上也因为大家的一致抵触陷入困顿。但是他并没有畏缩，而是继续坚持自己的信念毫不动摇：既然女性有时装，男性也应该有。为此，他顶着巨大的压力，继续坚持实现自己的梦想，甚至还聘用专业的时装模特进行专业表演，展示他设计出来的时尚男装，最终，他在若干年后迎来了男性时装市场的春天。经他设计的一系列男性时装成为法国男装市场的市场潮流，并且很快就在全世界形成了男性时装的时尚之风。皮尔·卡丹成功了，他用坚持验证了自己的正确和先见之明，也走出了一条与众不同的人生之路。

跟在他人走出来的康庄大道上行走，我们只能看到他人看倦了的风景。唯有走出独属于自己的人生道路，我们才能成为他人的引领者，也因此活出与众不同的精彩人生。很多人都知道但丁的名言，走自己的路，让别人说去吧。然而，真正能够做到这句话的又有几人呢？对于皮尔·卡丹来说，他正是因为走出了自己的人生之路，才能成为世界时装的领军人物，也才能始终走在时尚的前言，成为庞大时尚队伍的引领。

在这个世界上，有无数个与众不同的人，每个人都有独属于自己的人生模式。作为其中的一员，我们既不能盲目模仿他人的成功，也不能因为他人的失败而裹足不前。每个人都是这个世界上与众不同的存在，每个人也都有属于自己的人生模式，我们唯有从自身情况出发，走出属于自己的人生道路，才能拥有真正的成功。

削足适履并不是人生的长远之道

经常有人说，既然世界无法改变，我们就要改变自己。的确，这样的人生态度是值得提倡的，毕竟很多客观存在的事情并不以我们的意志为转移，假如我们始终因为外界而自寻苦恼，则人生一定会为此黯然失色。大多数明智的人，都会选择改变自己以适应世界，需要注意的是，改变自己也是有限度的。假如我们无限度、无原则地改变自己，就变成了削足适履，也必然导致我们的人生受到局限和禁锢，无法取得长远的发展。

众所周知，每个人都是这个世界上独一无二的存在，这也就决定了每个人都有自己的个性特色，也有与众不同的潜能和特点。在面对人生的各种境遇时，我们虽然要主动求变，积极改变，但是不能改变自身的特色。举个最简单的例子，当你的鞋子变得不合脚时，你是对自己的脚进行修改，还是为自己选择一双更合适的鞋子呢？看到这里，也许有的朋友会感到困惑，难免质疑：我到底是改变世界，还是改变自己？别急，这里的改变自己适应世界和削足适履其实是两码事，关键在于对度的掌握。

在人生的漫长旅途中，我们会欣赏到很多美妙的风景，也会遇到各种艰难险阻。在这种情况下，我们完全没有必要委屈自己，而应该寻找最合适的方式实现自己的心愿，坚持自己的意愿，唯有如此我们才能拥有无怨无悔的人生。相反，对于外界那些不可改变的客观环境，诸如一座高山矗立在我们的面前，难道我们能执拗地要求高山为我们让路吗？当然不能。最重要的是我们可以翻山越岭，还可以在到达巅峰时欣赏一览众山小的美景，也可以选择绕道而行。这就是改变自己，以适应无法改变的客观世界，这与我们寻找最合适的方式实现自己的心愿和人生目标，完全没有冲突，也并不相违背。

作为最好的朋友，凯瑟琳和玛丽一直形影不离，她们不但从小就一起上学、放学，长大之后更是考入同一所名牌大学，成为让人羡慕的大学生。

进入大学之后，凯瑟琳觉得有些失落。原来，她在高中期间一直成绩优异，遥遥领先于玛丽。如果不是她的无私帮助，在最后的高考冲刺阶段，玛丽甚至都很难坚持熬过去。正是她的帮助和鼓励，才让玛丽如今也能和她一样在大学校园里生活、学习。然而，进入大学之后，成绩并非是最重要的，对于分数，老师也不像高中时期那么关注。由此，凯瑟琳的优势渐渐消失了，反倒是外向的玛丽在大学生涯中如鱼得水，甚至还成为了学生会成员。最终，玛丽经过四年大学生活的锻炼，毕业后顺利找到了工作，但是凯瑟琳却因为一直愤世嫉俗，心比天高，最终错失了找工作的最佳时机，直到毕业一年后才进入一家工厂工作。刚开始，她对工作很不满意，后来因为安逸的生活过得太久了，她渐渐麻木。在工厂的福利待遇越来越高之后，凯瑟琳终于抛弃了人生一切的理想志向，居然安安稳稳地在工厂里待了下来。在十年同学聚会上，很多同学都打听凯瑟琳的事情，也有不少同学来问玛丽，玛丽不知道如何回答，只得推托说不知道，但是她心中却默默地遗憾：曾经那么骄傲和优秀的凯瑟琳，就这样被生活磨平了棱角，成为一个平庸之辈。

在这个事例中，凯瑟琳被生活改变了，最终抛弃了自己的理想和志向，甘于习惯这种碌碌无为的生活。殊不知，那些伟大的人都曾在生命之中遭遇比这更加严重的挫折打击，他们最终之所以能够摆脱平庸，是因为他们始终牢记梦想的方向和人生的远大目标，而没有削足适履，让自己彻底沉沦下去。假如凯瑟琳也能够始终保持对待生活和工作的激情，并且在人生合适的机会中再次崛起，那么她的人生一定不会如此。遗憾的是，她过早地以为生活已经成为定局，并且真的相信自己命该如此。这样的结果，让人不胜感慨唏嘘。

有人说，岁月是把杀猪刀，不但改变了人的容颜，也使人的心变得老成稳重，失去原本的活力。曾经仗剑走天涯的气势呢？曾经想要改变世界的豪情壮志呢？我们可以在岁月的刻刀下变得更加持重，却不要因为岁月的磨砺就失去初心。有些人生之所以始终满怀激情，斗志昂扬，就是因为他们从未忘记心中的梦想，更不愿意削足适履地将就生活。

朋友们，假如觉得鞋子不合脚，就果断放弃旧鞋，为自己寻找一双舒适的新鞋吧。也许前期需要寻寻觅觅，甚至找到了也需要磨合，但是总比一直委屈自己的脚来得更好！只有一双舒适的鞋子，才能让我们在人生路上昂首阔步地前进，也才能使我们的人生少一些遗憾，多一些成功的喜悦和辉煌！

墨守成规的人很难求得创新

现代社会越来越注重创新，因而也有很多人努力培养自身的创新能力，以适应社会，从而做到与时俱进。然而，作为艺术大师，毕加索曾经为我们指出，“必须先破坏才能创造”。就像有的人喜欢捏泥娃娃，倘若对自己的作品不满意，就必须把作品打碎了，加入水搅拌均匀，才能再次进行创造是相同的道理。人类社会伴随着一次又一次的创新，付出了无数惨重的代价，最终才能取得或大或小的进步，并借此推动人类的发展不断向前。

那么，人生之中的创新需要打破什么呢？当然不是泥娃娃，而是因循守旧的传统观念和规则，也包括那些墨守成规的行为和习惯。只要我们想要拥有创新的人生，只要我们渴望生命出现意料之外的惊喜，我们就必须勇敢地打碎那些旧有的禁锢我们的东西，才能突破和超越自我，使得我们的人生实现质的飞跃。也因为我们都是社会的成员之一，是社会的一份子，因而无数个人的创新必然也能够推动社会的进步和发展，使整个民族腾飞。记得曾经有位领导人说，没有创新的民族是无法取得进步的，这一句话就道出了整个人类进步的真谛。

从心理学的角度而言，创新是一种具有神奇力量的精神活动。为了创新，我们必须首先从内心剔除一切阻碍或者不利于创新的思想意识和行为习惯，诸如有些人在生活中非常害怕新生事物，为人刻板教条，那么他一定无法实现创新。清规戒律不管以何种形式出现，它们的作用就是束缚人们的心灵和思想，使人们时时处处受到禁锢，无法随心所欲地生活、工作，更无法尽情尽兴地拥抱生命。一切创新之人，必然都是对迂腐深恶痛绝的，对于常规他们也不愿意遵守；正是因为他们的豁达乐观、坚强自信，才使他们在人生路上不断地接受命运的挑战，最终拥有成功的人生。

若干年前，在法国巴黎，有家电影院正在播放名为《拆墙》的电影。当时，也许放映员走神了，居然使电影中的经典场面——推倒一堵围墙，使其倾倒在地，变成了一堵已经倒地的墙，居然逆势而为，缓缓地从废墟中重新矗立起来。现场的观众们看到这样的情景，不由得全都起哄，还有人发出了尖锐的口哨声，这让三心二意的放映员感到很羞愧，赶紧把放映机关掉，重新播放。

这时，也在现场的摄影师普罗米奥从观众出人意料的反应中受到启示：假如我能够把这种错误作为一种新的拍摄技术，运用到摄影中，也许能够让观众耳目一新吧！他说干就干，马上就开始深入钻研这个技术上的意外收获，后来在拍摄《狄安娜在米兰的沐浴》时，他就创新性地采用这种拍摄手法，没有像往常一样从高高的跳台开始表现跳水女郎的跳水经过，而是让她的脚先从水里冒出来，接着又倒着翻转了一八百十度，最后才是高高的跳台。这样的手法的确给观众带来了全新的视觉体验，当第一次从屏幕上看到如此神奇而又极富创意的拍摄手法时，观众们给予了热烈的掌声，这也极大地鼓励了普罗米奥继续把自己的创新精神发扬光大的信心。如今，人们可以从屏幕上看到各种各样的拍摄手法，而当时由普罗米奥发现的这种倒摄方法至今依然得到普遍应用。

很多人都喜欢不走寻常路，这恰恰是热衷于创新的表现。不但这个时代需要创新，每个人的人生也同样需要不断创新。但是创新是有阵痛的，尤其是在创新没有任何先例的情况下，就更需要我们持之以恒地怀着热情，推翻所有陈旧迂腐，从而在废墟上再次建立人生理想的大厦。

打个形象的比方，创新就像凤凰涅磐，也像是天寒地冻之中冒出尖儿来的野草。唯有置之死地，创新才能获得新生。作为新时代的青年，我们更应该始终坚持以创新的态度对待人生，也只有坚持不懈地学习，我们才能获得源源不断的动力，从而创造人生的奇迹，也为推动世界的不断发展和进步贡献自己的一份力量。

当然，创新也是必然要承受风险的，毕竟创新者是前无古人的探索者，不但没有任何经验可以借鉴，还面临着很多未知的风险。难道我们因为可能存在的风险就止步不前吗？人生中真正的强者，真正富于创新精神的人，即便面对刀山火海，也会一往无前。这是因为他们深知创新的意义，也知道创新必然要付出代价，更知道风险越大，就意味着收获也会更多。所以凡事有利也有弊，我们必须采取辩证唯物主义的态度面对人生中的风险和机遇，从而坚决果断地把握人生中千载难逢的好机会，勇敢地“离经叛道”，最终拥有灿烂辉煌的人生！

相信自己是对的，你才能勇敢地怀疑一切

不管是在生活中还是工作中，细心的人都会有一个发现，即难度越大的事情越不容易出错，反而是那些看似简单的事情总是让人们暴露出粗心大意的毛病，从而使他们错误百出。事实的确如此，人们总是有轻敌的思想存在，一旦认识到面对的事情很简单，难免发自内心地轻视，也就使得事情无法圆满完成。相反，在面对艰巨的任务时，人们首先从心理上引起重视，更是不断地告诫自己事关重大，不能出错，因此反而如履薄冰，战战兢兢，最终圆满完成任务。此外，每个人也都有急于求成的弱点，在面对轻车熟路的任务时，人们往往先入为主，以一直以来的因循守旧思维误导自己，最终把原本简单的事情搞砸了。不得不说，这是思维的陷阱，很多人在做事情时都面临这样的误区。

当这样的情况发生的次数多了，人们也就渐渐对自己产生了怀疑，他们甚至怀疑自己的判断，以为自己再次掉入误区。如此一来，亦真亦幻，虚虚实实，让人非常疑惑，也变得更加疲惫。实际上，尽管我们在思维上因为惯性存在误区，但是这种误区并非不可避免。任何情况下，只要我们坚持相信自己，就能够拨开迷雾见太阳，从而更加有底气也有勇气地怀疑一切。自信，不但是我们相信自己的力量源泉，同时也是我们怀疑一切的力量之源。

作为世界著名的音乐指挥家，小泽征尔对待音乐一丝不苟，严肃认

真，也有着勇敢的怀疑精神和充分的自信。在还没有成名的时候，有一次，他去欧洲参加音乐指挥家大赛。他在初赛中表现非常出色，因而顺利地进入了决赛。当时，他前面有很多指挥家都进行了表演，他是最后一个。等轮到他上场的时候，评委把乐谱交给他，他只是在短促的时间里进行了简单的准备，就拿起指挥棒开始指挥乐队演奏。

演奏进行得很顺利，然而在演奏进行到中途时，小泽征尔突然感觉到乐曲中有不和谐的音符。他以为乐队演奏出现失误了呢，因而赶紧示意乐队停下来，重头再次演奏。然而，第二遍演奏到中途时，小泽征尔依然感受到那个不和谐的音符，他想：乐队不可能两次都在同一个地方出错，肯定是乐谱中出错了。想到这里，他再次示意乐队停止演奏，自己则拿着乐谱找到评委会，质疑乐谱中的错误。这时，评委会的全体成员和很多来自世界各地的音乐泰斗都毫不迟疑地否定小泽征尔，说乐谱肯定不会出错。作为一个名不见经传的指挥家，小泽征尔丝毫没有退缩，依然坚持乐谱肯定出错了。全体评委和音乐专家们依然说是小泽征尔错了，小泽征尔思考再三，依然坚持自己的判断。这时，全体评委和音乐专家们都起立，给予了小泽征尔热烈的掌声。就这样，小泽征尔凭借着自信博得了大赛的冠军，从此成为著名的音乐指挥家。

原来，这次决赛乐谱中的小小错误，就是评委们精心设计的圈套。他们正是利用这个圈套，来试验作为乐队指挥的指挥家是否畏惧权威人士的压力，能否自信地指出乐谱中的错误，而且即便遭受质疑，也依然坚持自己的正确看法。显而易见，小泽征尔无愧于音乐指挥家的称号，也能够坚持己见，所以才能顺利通过考验，在比赛中夺魁。

在现实生活中，我们不管从事什么工作，也不管面对怎样的生活，都应该拥有自信，坚持自我。尤其是在产生质疑的时候，我们千万不能随波逐流，而要坚持自己的主见，敢于怀疑，这样才能最终实现自我的价值，得到他人的尊重和认可。

创新是推动整个人类不断进步的出发点，人们之所以不断创新，就是因为拥有一双发现问题的眼睛，使我们能够发现问题，分析问题，进而创新性地解决问题，所以才能不断推动自身的进步，也促进人类社会的发展。需要注意的是，现代社会尤其重视创新思维，因而个人要想取得更好的发展，就必须更加注重培养自身的创新思维和能力，从而摆脱传统思想的束缚。也因此，我们必须富有怀疑精神，这样才能坚持自我，挑战自我，也验证自我的真实能力，从而越发自信。

第06章 只有敢于去挑战，你的人生才会不平凡

每个人都希望自己能够获得成功，而不想被失败的阴影笼罩，因为人人都知道只有成功才能为我们带来荣耀和光环，失败只会让我们的人生变得黯淡无光。然而，任何成功都不是一蹴而就的，要想拥有不平凡的人生，我们不但要勤奋努力，还要迎接人生的种种挑战，最终才能突破自我，超越自我，激发出内心的潜力，拥有与众不同的人生。

当一天和尚撞一天钟，怎能成就精彩

行走在熙熙攘攘的大街上，有的人神色匆忙，看起来斗志昂扬，激情澎湃；有的人却神色萎靡，就连走路都显得毫无力气。可想而知，前者是在满怀喜悦地奔向新生活，后者却是在艰难地熬过一天又一天。正是在这两种截然不同的状态中，诸多人生也出现了分水岭，有些人的人生功成名就，意气风发，有些人的人生却总是与失败形影相随，甚至还有人不但与成功绝缘，连失败的机会也失去了。

现实生活中不乏混日子的人，他们就像不称职的和尚一样，当一天和尚撞一天钟，对于未来毫无规划，对于人生也没有任何热情与激情。如此循环往复陷入恶性循环之中，他们渐渐忘记了努力，也不再对生活抱有希望。在人人都憧憬未来的日子里，他们却按部就班，就像老态龙钟的古稀老人，对于生活既无希望，也无苛求。这样的状态出现在年轻人身上，是多么可怕的事情啊！随着生活条件的好转，有很多老人即便年事已高也对人生充满希望，而且不服老的精神很强烈。从这个角度而言，当一天和尚撞一天钟不但无法成就人生的精彩，还会使我们的人生永远陷入低潮和低谷之中，永无出头之日。如此深刻的绝望，必然对我们的人生造成伤害。

在大多数时候，我们只看到成功人士头顶的光环，却不曾想到他们其实在成功之前也遭遇了重重失败，甚至还曾承受了常人难以承受的挫折、苦难，顶住了重重压力。毋庸置疑，每个美好的人生都并非从天而降，只有当我们不断奋斗，坚持不懈，持之以恒，而且能够咬牙走过坎坷泥泞时，我们才有可能迎来人生的辉煌。

从励志的角度而言，一个死气沉沉、对人生毫无热情和希望的人，很难得到人生慷慨的馈赠。细心的人会发现，古今中外，大多数成功人士都拥有对生命的激情，正因为如此，他们才能排除万难，勇往直前。激情是人生的助燃剂，正是有了激情的刺激，我们才能充满力量，始终奔跑向前。激情还能让我们的人生迸发出绚烂的色彩，也能够让那些青葱的岁月变成我们人生中最美好和最值得珍惜的回忆。拥有激情的人不畏惧人生的苦难，他们发自内心地悦纳人生，因而不管对于生活还是事业，都始终能够找到寄托，也能够创造出令人瞩目的成就。朋友们，假如你也想要拥有精彩的人生，那么就从此刻开始让自己变得激情燃烧吧！相信只要你真的坚持这么做下去，你的人生就会变得完全不同。

作为一个来自农村的大学生，林丹尽管家境贫困，但是从未自暴自弃。在学校里，他穿的衣服虽然很旧，但是每一件都洗得干净整洁；他虽然无法从父母那里得到足够的学费和生活费，但是他宁愿四处兼职，或者向学校申请助学贷款，也不愿意作为贫困生得到补助；面对同学们丰富多彩的业余生活，他因为没有钱消费，每到节假日就乖乖地留在学校的图书馆里看书，开阔自己的眼界，丰富自己的知识；即便寒暑假，他也很少回家，而是留在学校继续读书学习……就这样，四年大学生涯结束后，他不但学识渊博，而且积累了丰富的工作经验。尤其是大四那年，他赚取的钱已经能够在自给自足之余，还能给予父母一定的经济援助了。

大学毕业后，林丹因为没有背景，只找到了一份很普通的工作。然而，他一边努力工作，一边刻苦自学准备考研，最终他在毕业一年后，成功考取了研究生，而且因为专业对口，还得到了公司的全额资助。由此一来，林丹的人生猛然跨上了一个台阶，从此与众不同。毕业五年的同学聚会上，研究生毕业的林丹比班级里那些有背景的同学混得都好，大家都对他勇敢拼搏、不懈进取的精神佩服得五体投地。

没有丝毫抱着混饭吃思想的人，才能够成就非凡的人生。事例中的林丹尽管人生的基础薄弱，甚至在很多方面都不如那些同学拥有得天独厚的条件，但是他始终奋发进取，因而最终反而后来居上，以显赫的成就跃居大多数同学之上。这就是努力奋斗的人生，这才是璀璨辉煌的人生。

我们都是普通而又平凡的人，这也注定了我们的梦想就是成就非凡的人生。对于每一个生命而言，这个世界上并没有天上掉馅饼的好事，我们唯有打起精神，瞪大眼睛，才能让自己保持积极向上的人生态度，从而拥有精彩的人生。

当第一个吃螃蟹的人

对于第一个吃螃蟹的人，如今的那些螃蟹粉们，一定非常感谢，因为正是因为有了第一个吃螃蟹的人敢为天下先的精神，如今人们的餐桌上才多了一道珍馐美味。我们不仅要对于物质享受怀着积极探索和尝试的精神，在思想上，我们更要打开思路，放眼未来，千万不要让自己的人生遭遇禁锢。

遗憾的是，几千年的封建迷信思想，使人们的思想受到越来越深的禁锢。已经习惯了被统治被压迫的人们，再也无法打破心中的囚牢，敢为天下之先。

即便随着社会的发展，人们依然难以摆脱中规中矩的思想。尤其是传统的教育观念，使得学校如同工厂加工精密零件一样培养出来的人才，全都整齐划一。尽管便于统一调配和管理，却因为缺乏思维的创新性和行动的果决性，最终变得墨守成规，因循守旧，也无法推动人生不断向前发展，更无法促进社会的进步。

从人的本性来说，对未知感到恐惧是一种本能的反应，也因而人们总是害怕未来，也不愿意尝试和冒险。殊不知，人类的历史进程之所以不断推进，就是因为总有一些先驱者能够不断挑战，他们敢于突破自我，也敢于作为人类的先驱和表率，更不惧失败，因而才能最终博得人生的不断创新。倘若每个人都明哲保身，也不愿意冒险尝试，那么整个人类的发展进程都会滞缓。人们在退缩中，虽然避免了失败，但是也同时失去了成功的机会，由此导致人生止步不前。让人感到欣慰的是，无论人群里有多少胆小怯懦的人，也有很多人依然冒险前进，甚至不惜牺牲自我，也要勇于尝试，勇敢创新。诸如提出地心说的哥白尼、伽利略，诸如不畏惧宗教势力的路德、加尔文，诸如提出相对论的爱因斯坦……这些伟大的人物之所以能够青史留名，就是因为他们敢于当第一个吃螃蟹的人。

大自然是充满神奇的，时代发展到今天，尽管人类文明极大进步，但人类在大自然面前依然非常渺小，不足为道。尽管人类的足迹已经遍布全世界的每个角落，但是对于生命的探索依然永无止境。总而言之，我们必须勇敢地扛起前进的旗帜，吹响前进的号角，才能更加充满自信地探索未知领域，也成为一切发展和进步的先驱力量。有些人或许会说，那些能够青史留名的人类先驱，无一不是天赋异禀、智慧和能力都超出常人的人，其实他们也并非真的与众不同，只不过他们敢于冒险，敢于争先，从来不畏惧当第一个吃螃蟹的人。朋友们，假如你也想要为自己的人生赢得与众不同的光彩，至少成就最好的自己，那么你就必须培养自己敢于突破的精神，这样的你才值得拥有特立独行的人生。

1943年，美国的约翰逊创办了《黑人文摘》杂志，经营艰难，很多人都不看好它的发展前景，甚至断言这个杂志很快就会山穷水尽。为了改善经营困境，约翰逊苦思冥想，终于想出了一个好办法。他在全社会发出征集令，号召大家以“假如我是黑人”为题撰写文章，踊跃投稿。当然，要想把这篇文章写好，就必须把自己假想成黑人，才能站在黑人的角度考虑问题，也体谅黑人的处境，从而深入探讨引发整个社会关注的种族问题。遗憾的是，征集令发出后，人们反响并不热烈，还有很多人都对此产生了抵触情绪。这时，约翰逊想，如果能够请当时的国母——罗斯福夫人埃莉诺作为民众的表率，率先写出这样的文章，广大民众一定能够热烈响应。这样一来，对于黑人问题是有很大好处的，而且也能够极大增加杂志的发行量。为此，约翰逊当即提笔给总统夫人写了一封信，恳求她能够在百忙之中抽出时间来写这样一篇文章。然而，罗斯福夫人以忙为理由拒绝了约翰逊；不过约翰逊毫不气馁，此后他坚持每搁半个月就给总统夫人写一封言辞恳切的信。

最终，当得知总统夫人因为处理公务将会来到芝加哥逗留两天时，也在芝加哥的约翰逊马上抓住这个机会，给总统夫人发了一封电报，请求她抽出宝贵的时间拯救《黑人文摘》于水深火热之中。最终，约翰逊的真诚让总统夫人倍受感动，这一次她很快答应了约翰逊的请求，并且写好了文章。这个消息简直让美国举国震惊，短短的一个月时间里，《黑人文摘》因为得到总统夫人的垂爱，原本只有两万份的发行量居然激增至十五万份，《黑人文摘》从此为人知晓，而且有了极大的影响力，很好地促进了美国种族问题的解决。

作为一份杂志的创办人，约翰逊居然让总统夫人给他们投稿，这听起来简直就像天方夜谭，也让人难以置信。然而，约翰逊就这么做了，毕竟如果不去尝试的话，他根本不知道是否能够成功。尤其是在遭到总统夫人的拒绝之后，他也丝毫没有退缩，反而坚持每隔半个月就给总统夫人去信，最终他的诚心感动了总统夫人，他如愿以偿，得到了总统夫人的支持，也使《黑人文摘》最终起死回生，销量暴增。

置身于这个飞速发展的时代，每个人都要挣脱身上的桎梏，才能彻底释放自己的心灵，让自己充分发挥创新的能力。当然，也许彻底改变在短时间无法实现，但我们可以先从最简单的改变开始。首先，在改变伊始，可以多多尝试新鲜事物，感受新鲜事物给我们带来的美妙感受；其次，我们还可以尽量结识更多的朋友，借助于他们给我们带来全新的生活体验，从而开阔眼界，积累丰富的生活经验和知识。当然，在进行完这些热身运动之后，接下来就要彻底改变观念，从最简单的冒险开始循序渐进，最终让自己变得积极乐观，勇敢无畏，从而树立“敢为天下先”的理念，成为乐于并且善于第一个吃螃蟹的人。唯有如此，我们才能让自己的人生不再平庸，最终绽放出耀眼的光芒！

成功的天堂永远是探险家的乐园

人生中的很多机会都是转瞬即逝的，因而那些能够抓住机会的人无异于抓住了成功的机遇，也大大提高了人生获得成功的概率。相反，倘若我们在机会到来时还没有作好准备，就只能眼睁睁地看着机会溜走，最终让成功与我们擦肩而过。这样的结果，不可谓不遗憾，也让我们难以控制人生的节奏和成功的概率。

从某种意义上来说，机会就像是未来的特使，它让我们感觉未来其实并不遥远，也让我们提前预知未来的美好和残酷。也许有些胆怯的人在感受到未来的狰狞时会仓皇而逃，甚至对人生信心全无，但是真正的强者一定不会退缩。他们很清楚，人生终究是有很多坎坷和挫折的，不管什么时候，都只有悦纳人生，才能拥抱和享受人生。

假如你对诸多成功者有过了解，你就会发现他们正是因为抓住了转瞬即逝的机遇，才获得了人生的成功。有很多人在机会到来时瞻前顾后，犹豫不定，最终导致错失良机，从而也直接决定了人生的黯淡无光。还有人觉得机会带来了机遇，也带来了巨大的风险。事实的确如此，任何事情都有其两面性，既有有利的一面，也有弊端。因而，我们只有在人生之中富有探险精神，才能获得成功，也才能尽情享受人生。所以说，无数的成功者也都是人生的冒险家，他们对于与机会相伴而来的危机从不畏惧，而是把它们当成人生的一场挑战，从而突破自我，超越自我，实现自我。

作为世界首富，比尔·盖茨之所以能够创建微软帝国，与他敢于冒险，勇于抓住人生机遇的果决和魄力是密不可分的。比尔·盖茨认为，冒险是获得人生成功的第一要素。由此可见，一个人不管从事什么事业，都只有坚持冒险的精神，才能抓住千载难逢的好机会，从而彻底改变人生。

其实，比尔·盖茨一直都是一个争强好胜，喜欢冒险的人。而且他极度自信，从不因为危机的到来就退缩不前。早在学生时代，比尔·盖茨就表现出冒险精神。他刚刚进入哈佛的第一个学年，就经常逃课，做自己喜欢做的事情。直到期末考试前夕，他才抓紧时间拼命地补课、复习，从而帮助自己成功应付考试。如此一来，他比别人花费在学习上的时间就少了很多，也就意味着他有了更多的时间做自己的事情，而这一切并不影响他最终考取好成绩。对于一个刚刚走进大学校园的学生而言，这无疑是巨大的冒险。此外，他还有意识地培养自己争强好胜的性格，他从不委屈自己，更不会轻易认输和妥协。在任何情况下，他都把获得成功作为自己的人生目标，坚持不懈地努力，直到最终获得梦寐以求的成功。

后来，他坚决果断地退学创业，无疑是冒险精神的巅峰表现。正因为如此，他才能抓住千载难逢的好机遇，成功创建了微软帝国。在发展事业的过程中，他几乎战胜了一切对手，直到成为世界首富，他依然不屈不挠地发挥冒险精神，从不觉得满足。从比尔·盖茨的兴趣爱好上，我们也不难对其冒险精神有所认识和了解。他特别喜欢游艇和飞车，也许他正是借此来提升自己的冒险精神吧。

从比尔·盖茨身上，我们读懂了冒险的真谛。早在学生时代的他就抓住机遇果断选择退学，假如他是一个缺乏冒险精神的人，绝对作不出如此坚决的决定。也正是因为比尔·盖茨热衷于冒险，世界上才有了微软帝国，也才有了很多关于比尔·盖茨的传奇故事。

毋庸置疑，不管是财富还是机遇，都总是偏爱那些冒险者、探险家。在人生的道路上，抱怨不休、犹豫不决的人从来抓不住千载难逢的好机会，只有那些敢于冒险的探险家，才能深入人生的腹地，抓住人生中各种各样的机会，成就辉煌的人生。需要注意的是，有的时候机会并不总是给人以希望，反而以人生绝境或者挑战的面目出现，在这种情况下，我们更应该准确辨识，不要被机会表现出来的危机面目所迷惑。当你成功度过危机，也许其后就隐藏着巨大的机会呢！我们必须知道，机遇和危机总是并存的，越是看似稳妥的机会，也必然难以给我们带来巨大的成功。相反，当危机的指数不断升级，机会能给我们带来的收获也会成倍增长。这个世界上从来没有一蹴而就的成功，我们唯有抓住人生的机遇，才能最大限度地获得成功的垂青，也创造我们精彩辉煌的人生！

只要迈出第一步，冒险并不可怕

很多人之所以畏惧冒险，并非是害怕冒险本身，而是因为出于对未知未来的恐惧。人总是害怕超出自己控制和把握的东西，这一点导致人们畏惧未来，也不敢在生活中采取冒险的态度。当所处的环境安逸时，大多数人都会选择安于现状，因为他们天真地以为日子会一直这样延续下去，岁月静好，人生安宁。殊不知，这个世界上的万事万物都处于随时的变化之中，人生更是充满了未知，处于动态之中，因此就算我们保持不变，也会被命运和

时光推动着不断变化。由此可见，保持原状态的人生实际上就是一种无谓的逃避，最终未必能够换来长久的安稳，反而还会因为贻误时机，导致一切都朝着不可预知的方向发展。这样的人生，显然过于被动，反倒不如主动出击，勇敢求变，这样至少还能获得转变的机会，也不至于虚度一生。

当我们真正鼓起勇气迈出探险的第一步时，才恍然大悟，原来冒险带给我们的是完全不同的生活感受，而并非是妖魔鬼怪，也不像我们想象中那么可怕。要想体会这种美妙的感受和征服自我之后获得成功的喜悦，我们首先要做的就是迈出第一步。与其杞人忧天地想象很多不好的结局，不如迈开双腿走向成功的方向，也许在沿途上还会发现和欣赏到美妙的风景，更得到命运意外的馈赠。

就像人们常说的，万事开头难。一切事情在没有切实去做之前，人们想到的总是最坏的结果，然而在实际实施的过程中，最坏的结果未必会出现，而且事情也至少有一半的可能朝着好的方向发展。如此一来，我们当然不能抱着先入为主的偏见和忧虑，拒绝事情的切实展开。人生中的冒险也是如此，只要迈出了第一步，我们就会发现冒险也并非我们想象中那么困难，反而是水到渠成的。朋友们，就让我们鼓起勇气去冒险吧，唯有成为一个坚定不移的探险家，我们才能发现人生中更多美妙风景，也才能得到更多的机遇和成功的可能。

很久以前，有位农民非常胆小谨慎，也总是杞人忧天。有一年春天到了，这个农民整日坐在田间地头上发呆。邻居见状问他：“你的地里种麦子了吗？”农民摇摇头，说：“麦子需要大量的水分，万一天气干旱，就会导致颗粒无收。”邻居又问：“棉花抗旱，你肯定是种了棉花吧？”农民依然摇头，说：“棉花很容易招致病虫灾害，会被虫子吃掉。”邻居疑惑不解地问：“那么，你的地里到底种了什么呢？”农民说：“为了确保安全，我最终决定什么也不种，这样看看天灾人祸还能奈我何！”邻居苦笑着摇摇头，说：“虽然你的这块地彻底安全了，但是你也注定了颗粒无收啊！”

事例中的农民，显然是一个不愿冒任何风险的人，为此他甚至不愿意播种任何农作物，就这样把土地白白放着。殊不知，这样一来尽管避免了病虫害，也避免了天灾导致的颗粒无收，但是也失去了丰收的可能性，注定了他的这块地变成荒田，不能给他带来任何收获。假如人们都这样杞人忧天，束手束脚，最终也必然导致一事无成，只能白白荒废人生而已。

人，不是被外界的条条框框束缚住的，而是被内心的很多禁锢捆绑住的。对于从来不敢冒险的人，人生无异于虚度，因为他们从来没有机会领略人生的快意，也不知道人生别样的滋味。也许有人会说，平平淡淡的人生哪里有那么多冒险的机会呢？其实，冒险并非是狭义上的冒险，而是泛指人生中一切打破常规的突破和创新。诸如，我们大胆地哭哭笑笑是冒险，因为我们不再顾忌他人的看法和非议；我们在工作上打破常规是冒险，因为我们愿意承受因此引发的一系列连锁反应和承担责任；我们爱上一个一无所有的人是冒险，因为我们愿意与其一起面对人生的风雨，为人生积累更多的财富和资本，也共同分担有可能面对的苦难和挫折……这些，都是人生的冒险。敢于冒险的人生才能随心所欲，也才能畅意直行。在我们作好准备承受冒险引发的恶劣后果时，也许反而会得到意外的馈赠，拥有成功辉煌且灿烂的人生。

接受挑战，你比想象中强大

每个人都是有潜力的，而且每个人的潜力都非常大，甚至超乎人们的想象。因而在面对人生中形形色色的挑战时，我们完全没有必要畏缩不前，也不必因为面临挑战而显得紧张万分。正如古人所说的，兵来将挡，水来土掩，我们对于人生也应该怀着这样的态度，勇敢迎接挑战的到来，做到从容淡定，顽强不屈。

对于每个人而言，挑战不仅能够验证能力，也意味着是否拥有勇气和信念。在通常情况下，所谓的挑战都是超出人们能力范围的，因而也更具有激发潜能的作用。当一个人在迎接挑战成功之后，一定会感受到自身的力量，也对自己产生巨大的信心。尤其重要的是，在完成挑战的过程中，我们还可以不断地提升自我，完善自我，从而使自己变得越来越强大。

有的时候，挑战还能激发出一个人不服输的精神，从而爆发出巨大的能量，使自己排除万难，顺利获得成功。

当年，纽约州州长爱尔·史密斯为了找到合适的人管理星星监狱，特意向刘易斯·劳斯发出邀请，不想这个邀请让刘易斯·劳斯感到非常为难。原来，星星监狱是整个美国最为臭名远扬的一座监狱，不但位置偏远，位于魔鬼岛的西部，而且很难管理。在这所监狱里，充斥着各种各样的丑闻和黑幕交易，还有形形色色的政治斗争形成让人难于应付的旋涡。为此，先后有几个监狱长任职没多久就全都辞职走人了。其中有个监狱长居然只在任短短的三周时间，就仓皇而逃，再也不愿意回到这个让人头疼的地方。当然，刘易斯·劳斯也知道这一切，为此，他不知道自己是否迎接这个巨大的挑战，毕竟这很有可能也使他的人生陷入被动之中，他可不想承担逃兵的罪名，更不想为此损失惨重。当然，他也知道一旦他能够战胜这次挑战，马上就能名利双收，获得丰厚的回报，毕竟机遇与挑战总是并存的。

在经过一番仔细衡量之后，刘易斯·劳斯决定迎接挑战，他接受了爱尔·史密斯的邀请，如期到任。当然，他也采取了各种改善的手段，对犯人实行恩威并施的管理方式。如此一来，犯人们在短短的时间内就见识到了他的厉害，也得到了他的恩惠，不但那些不服从管理的犯人最终被驯服，那些得到他恩惠的犯人更是彻底对他心服口服。最终，他还根据在星星监狱任职期间的经历创作了《星星监狱两万年》这本书，受到了广大读者的欢迎和追捧，成为当之无愧的畅销书。至此，他实现了名利双收，也因此成为美国大名鼎鼎的监狱长，名留青史。

刘易斯·劳斯是真正的人生强者，所以在面对人生的挑战时，才能够无所畏惧地迎难而上，最终获得了巨大的成功。对于刘易斯·劳斯的选择，如果从保守的角度来看，已经功成名就的他显然没有必要冒这么大的风险；但是从人生不断进取的角度而言，他不仅是为了州长的盛情邀请，更是为了挑战自我，提升自我，所以在经过认真权衡之后才会最终接受挑战，也因此成为人生赢家。

朋友们，面对挑战，只要觉得通过提升自己的能力可以战性，就千万不要因为畏难情绪而轻易放弃。人之所以能够不断取得进步，正是因为在持之以恒地挖掘和发挥自身的潜能，也因而才证实自身的能力不可限量。曾经有心理学家证实，人的潜能是无限的。的确，生活中也有很多常见的事例证明了这一点，因而只要我们对自己有信心，端正态度积极迎接各种挑战，就一定能够激发出自身的潜能，成为人生中真正的强者。当你感受到挑战成功带来的喜悦之后，你必然对自己更有信心，从而使得人生进入良性循环之中，不管是做人、做事都更加信心十足，也使得整个人生都更加出彩。

把“不可能”变成不打折扣的“可能”

现代社会，有很多人以赚取多少钱、当多大的官作为衡量人生的标准之一，觉得人生就是当官赚钱，也因此对人生的定义产生了偏差。毋庸置疑，人生的确需要一定的经济基础才能获得更好的生活，但是如果人生只剩下金钱和物质作为唯一的目标，未免太过苍白和乏力。对于真正成功的人生而言，除了金钱和物质，更需要精神层面上的成功，如此才能让人生变得更加丰盈厚重，也变得更加充实。

当我们回首人生时，所谓的金钱只不过是毫无意义的数字，再大的权势也会成为过眼烟云，最让我们难忘的，必然是人生中曾经的精彩历程，诸如我们战胜了多少坎坷挫折，迎接了多少挑战，又有多少次突破了自我的极限，证实了自己的能力……这些才是我们回首人生时最让人感到满意和得意的人生馈赠。

当我们把人生中一个个“不可能”变成了切实的不打折扣的“可能”，因而实现人生的百分百时，我们必然会发自内心地感到骄傲，也会因为充分证实了自己的能力而感受到成功的喜悦。在现实生活中，我们常常看到有些人禁锢于人生的“不可能”，因而总是处处给自己设置障碍，根本不去进行任何尝试。殊不知，人生的潜能是无限的，每个人都拥有非同寻常的能力，所以只要我们坚定信心和信念，充分发掘自身的潜力，就一定能够展示人生的真正实力。

其实，人生中的有些事情看似不可能，一旦真正展开实际行动去做，我们才能发现一切并没有我们想象中那么困难，甚至随着事情不断向前推进，再加上我们不遗余力的努力，那些不可能就会变成可能，给我们带来前所未有的成就感和荣誉感。这样的人生才是值得骄傲的充满挑战的人生，也才能表现出人生的魅力。

1937年，麦当劳兄弟别出心裁，成立了第一家“汽车餐厅”。所谓汽车餐厅，就是定位于给汽车上的乘客服务，让那些汽车驾驶员在不离开汽车的情况下，也能顺利购买饮料和三明治，从而给他们带来极大的便利。如此新鲜的经营模式，给汽车驾驶员购买食物和饮料带来了极大的便利，因而很快就为麦当劳餐厅吸引了众多的顾客，也使得麦当劳餐厅的生意越来越火爆。然而，人们对于好创意的模仿总是非常神速的，很快，有相当数量的餐厅都模仿麦当劳餐厅的经营模式，也让服务员把食物和饮料送到汽车驾驶员的手里，因而导致麦当劳餐厅的经营遭遇严重危机，曾经生意火爆的他们因为失去独特的竞争力，渐渐经营惨淡，经营状况越来越差。

面对前所未有的困境，麦当劳兄弟丝毫没有放弃，而是想尽一切办法改善公司的经营情况，想要使公司再次恢复生命力。后来，麦当劳兄弟决定从“快”字上大做文章，他们把餐厅变成了快餐店，顾客来到餐厅之后只需要等待非常短的时间，就能吃到美味的食物，喝到饮料。就这样，麦当劳餐厅以简便快捷，使得经营状况急速好转。后来，麦当劳兄弟居安思危，不断改善餐厅的经营模式，也不断推陈出新，出奇制胜，最终实现了厨房的标准化和自动化，进入产业经营的模式。

麦当劳餐厅之所以能够不断发展壮大，形成如今遍布全球的格局，就是因为麦当劳兄弟从一开始面对危机时，就给予餐厅绝不在困难面前低头和退缩的经营模式和理念。后来虽然顺利渡过危机，但是他们依然居安思危，绝不以逸待劳。在他们的不断挑战和创新之下，麦当劳餐厅实现了良好的发展，并且最终确立了其在快餐业至高无上的领导者地位。

常言道，哀莫大于心死。假如我们在面临人生所谓的“不可能”时，首先从心理上否定自己，限制自己，导致自己根本不想进行任何尝试，那么我们自然无法成功地突破人生想当然的极限，也就无法最大限度发挥人生的潜能。只有心中怀着希望，绝不轻易认输，同时不遗余力地作出尝试，我们才能实现人生最大的可能性。就像麦当劳兄弟一样，假如他们轻易放弃，在遭遇困境的时候不再努力尝试，而是甘于命运，那么麦当劳一定不会有现在如此大的规模和良好的经营运转，快餐界也就少了一个传奇。

作为美国大名鼎鼎的钢铁大王，卡内基也曾说过，他理想的优秀员工并非一定要有多高的学历，而一定要有勇敢挑战人生中“不可能”的精神，还要有钢铁般坚定不移、顽强不屈的意志。的确，也只有这样的人才能迎接人生和工作中的重重挑战，从而为人生创造非凡的成就。

现代社会正处于飞速发展之中，事情每时每刻都在不停地变化；同时，当今社会人才济济，竞争异常激烈，我们要想出人头地，必须坚持挖掘自身的潜能，勇敢迎接人生的挑战。尤其是在职场上，很多职场人士都陷入平庸之中，因而人生和事业都没有太大的起色，在这种情况下，要想改变现状，突破现状，我们就要摆脱内心对于未知不可把控的控制，挑战极限，超越极限，从而把所有人生的不可能都变成可能。这样的人生，才是真正精彩的人生，也才能做到没有遗憾，勇往直前。

追求卓越，才能真正成就卓越

我们不妨先作一个假设，假如今天的生活非常美好，你可否愿意人生未来的每一天都变成今天的重复，由此便可以尽情享受岁月静好，而无须感慨人生的反复无常？看到这个让人惊艳的条件，也许有些朋友会毫不犹豫地表示同意，然而当这样美好的日子真的一成不变地重复若干天，你会发现曾经的美好不复存在，剩下的只有枯燥、乏味和无聊、痛苦等负面的情绪和感受。

为何美好的生活也禁不起岁月这把杀猪刀的摧残呢？其实这并非是岁月的错，关键在于人生是需要变化的，如果你此前未曾领悟到这一点，那么此时此刻你一定感受到了这个真谛。人生最大的魅力在于，我们永远也不知道明天会发生什么事情，既有可能是灾祸，也有可能是惊吓，更有可能是惊喜。我们唯有始终保持对人生的渴望和激情，才能应付人生中各种不期而至的状况，也才能勇敢地挑战人生的现状，从而给予自己的人生更多的可能性，最终追求卓越，获得辉煌的人生。

大学毕业后，张坤没有选择回到家乡，因为他说那种一眼望到死的生活让他感到窒息。他背起行囊，去了机会更多的大上海打拼，想在上海开拓自己的人生，拥有一席之地。

张坤很幸运，进入一家规模很大的企业工作，从普通的文员干起。因为他踏实勤奋，对待工作认真负责，也因为他很擅长写作，能经常为领导写发言稿、总结等类似的小文件，所以很快就被提升为经理助理。要知道，这可是很多工作经验丰富的求职者都垂涎的职位啊！当助理三年之后，张坤对于公司的运营和流程都有了一定的了解，因此他并不甘心一直当助理，而是马上给自己提出了更高的要求：成为华东区总监。

原来，公司眼下正处于飞速发展和扩张的阶段，因此急需高层管理人才。当然，老总的意思是最好从内部提拔，因为外聘高层领导需要漫长的磨合时间，最终也未必能够和公司风雨同舟。老总认为，土生土长的由公司培养出来的人才，更值得委以重任。正是在如此千载难逢的好机会下，张坤果断转行，从经理助理主动申请到销售部门，从最基础的销售员开始做起，很快就因为业绩出色被提拔为销售主管，后来更是三连跳，从销售经理直接胜任华东大区总监。在短短的一年多时间里，当初那些曾经劝说张坤安安稳稳当经理助理的同事、朋友，全都对张坤竖起了大拇指。

从大学毕业之后幸运地进入这家企业工作，接下来凭借自己的勤奋刻苦和文采斐然得到领导的赏识，因而从一个普通的文员到成为华东大区的销售总监，张坤的经历无疑极富传奇色彩，甚至让人感到难以置信。在人生的道路上，我们每个人都有自己的规划，不过人们常说计划不如变化快，因而我们也要顺应形势，及时抓住机会努力提升自我，促进人生的不断进步。

在现实生活中，其实有很多人并不了解自己，也无法准确判断和衡量自己的能力。人的潜力是非常巨大的，而且每个人的潜力也都侧重于不同的方面。有些人被现状迷惑，总觉得自己的人生只要能够保持现状，就已经足够美好。殊不知，人生的魅力就在于不断进取、正如人们常说的学海无涯，人生向上攀登的道路也是没有终点的。就像运动员在比赛场上不断进取、突破自身的极限一样，我们在人生的路上同样需要坚持奔跑，从而争取达到更快的速度。不仅个人如此，企业、民族以及整个人类社会，都要抱着追求卓越的精神，才能不断进步，精益求精。

第07章 没有人帮你奋斗，你必须靠自己去收获

在这个世界上，有无数人对成功垂涎三尺，甚至连做梦都在幻想着获得成功。然而，没有任何人能够仅凭白日做梦就获得成功的青睐，而且成功也从来不会一蹴而就，从天而降。任何人要想获得成功，都必须依靠自身的努力，实现自己的人生价值，才能得到他人的认可和赞赏，也才能获得成功的荣耀。切记，在成功的路上没有人能帮你，你必须一切靠自己，坚持不懈，持之以恒，才能拥有点滴的收获，也距离成功越来越近。

拼搏的人生，才是充实有意义的

一个人要想拥有精彩的人生，必须坚持不懈地拼搏和奋斗。只有拼搏才能让人生充满希望，也只有拼搏才能让我们始终行走在方向正确的道路上。在生活中，我们常常发现有些人尽管衣食无忧，生活顺遂，但是看起来却显得老态龙钟，丝毫没有年轻人的精气神。相反，那些处于社会底层一切都要靠自己奋力打拼的年轻人，看似一无所有，实际上却拥有充沛的精力，整日意气风发，斗志昂扬。这就是奋斗的魔力。前者不需要奋斗，因而整个人生都变得萎靡不振，在安逸的生活中失去了向上的动力。后者因为一切都要靠自己，所以反而能够保持积极进取的状态，不管在什么情况下都像打不死的小强一样，即便遭遇人生的困境也能一路往前冲。

记得在前些年热播的电视剧《芈月传》中，芈月带着公子稷回秦国即位，路上却前有拦路的敌人，后有追兵，最终导致她不得不不顾一切地驾驶马车朝前冲过去，只想着宁愿鱼死网破，也绝不束手就擒。就连燕国的国相在看到芈月不顾一切的劲头时，也大呼这个女人不得了！的确，正如民间所说，兔子急了还咬人呢，当一个人破釜沉舟想要做成一件事情时，就会爆发出巨大的能量，甚至排除一切艰难险阻，连自己都对自己的魄力和能力、决心和毅力感到震惊。

在任何情况下，人生都不能虚度。我们必须努力拼搏，才能让人生变得更加充实。尤其是对于那些觉得人生短暂如同白驹过隙的人，既然我们无法左右人生的长度，那么就让我们努力拓展人生的宽度吧。如果以计算面积的公式进行计算，显然充实的人生也相当于延长了宝贵的生命，多赚取了比黄金更值得珍惜的时间。

台湾首富王永庆从小家境贫寒，不得不早早辍学做生意。他先是给别人打零工，等到了十六岁时，已经满肚子生意经了。为此，他离开老家，去了嘉义开米店。当时，嘉义城很小，但是有大概三十家米店，因而竞争特别激烈。那个时候，王永庆资金短缺，租不起繁华地段的门面房，因而只好在偏僻的巷子里开了家小小的米店。由于他的米店开业最晚，店面也小，大多数人根本不知道王永庆米店的存在。刚开张时，米店生意冷清，门可罗雀，别说赚钱了，连维持基本的开销都不可能。为了扩大销路，王永庆不得不背着米挨家推销，然而这个办法并不高明，因为那些家庭主妇都习惯了在固定的店面买米，也不愿意相信走街串巷的小商贩。王永庆眼见这条路走不通，便继续想办法，发誓一定要改变局面，打开销路。

经过一番仔细观察和思考，王永庆发现了一个常人没有留意的问题。原来，当时的台湾农业还处于原始的手工业状态，农民们辛辛苦苦种地收割之后，根本没有时间和精力把大米里的小石子等杂物捡出来。因此，当时出售的大米都不够干净，家庭主妇们在淘米之前不但要手工捡出来其中的杂物，而且还要淘洗很多遍，这无形中给家庭主妇带来了很多麻烦。想到这里，王永庆决定带着家人清洁大米。他们不辞辛苦地捡出大米粒的杂物，诸如小石子、米糠、砂石等。这样一来，主妇们购买了王永庆的大米之后只需要简单淘洗即可入锅，觉得轻松多了。她们一传十，十传百，很快人人都知道王永庆的大米质量好，非常干净。日久天长，王永庆米店的生意越来越好。

尽管王永庆米店的生意更加红火，但是他没有止步于此，而是更加用心地经营。考虑到大米是很沉重的货物，尤其很多老年人根本没有足够的体力把大米运回家，因而王永庆决定开展送货上门的服务，消除年老体弱者买米的后顾之忧。就这样，那些年老体弱者都成了王永庆的忠实客户，包括很多身轻体壮的年轻人也都习惯了在王永庆这里买米，享受送货上门的服务。而且王永庆把服务做到了极致，他不但送米上门，还负责把米倒进米缸里。如果遇到顾客的米缸里还有陈米，他就会体贴地把陈米倒出去，等到新米入缸，再把陈米倒在新米上面。如此一来，陈米就不会因为被压在缸底而坏掉，家里有陈米没吃完的顾客也可以放心地购买新米了。如此细致入微的服务，让王永庆博得了每一个顾客的认可和赞许。

后来，王永庆记住每一个顾客家里的米缸大小，并且记下顾客的购买量，估量着顾客家里的米快要吃完之后，他就会主动再次送货上门。这样的用心，不但使他生意越来越红火，也令他赢得了好口碑、好人缘。最终，酒香不怕巷子深，越来越多的顾客专门去他的米店买米。经过原始的资金积累后，王永庆居然在繁华地段租下很大的门面，外面当米铺，里面直接碾米，保证米源的新鲜充足。正是这样一步一个脚印地不断奋斗，王永庆开创了自己的事业，最终成为台湾首富。

每个人在奋斗的路上，都不可能一蹴而就获得成功。只有一步一个脚印，踏踏实实地往前走，遇到山就开路，遇到河就修桥，才能不断披荆斩棘，获得长足的进步。王永庆的人生经历给我们树立了很好的榜样作用，他能够在那么艰难困苦的环境中不断拼搏和奋斗，最终成为台湾首富，而我们的人生基础显然比他好多了，为何不能做到坚持不懈地努力呢！

如果说这个世界上有一种果实最为甘甜，那就是我们依靠自身的能力不断奋斗之后获得的成功。它是我们用一点一滴的汗水和泪水换来的，因而能带给我们完全不同的欣喜和愉悦，也带给我们丰收的喜悦。人生，永远离不开奋斗，所谓生命不息，奋斗不止。尤其是在现代社会，生活节奏越来越快，工作压力越来越大，人生也如同逆水行舟，不进则退。我们更要打起精神来，满怀激情和希望地对待人生，也充满热情地创造人生。

当你学会依赖，你也就离成功越来越远

生活中，我们总是习惯性地依赖他人，从小就享受父母安排好的一切，长大了又随遇而安地依赖身边的亲人、朋友，再后来成为父母支撑起一个家庭，却发现自己根本不可能让孩子去依赖。也许有人说这是好事啊，正好培养孩子的独立能力，但是问题在于你接下来该依赖谁呢？父母已经老去，那些曾经供你依赖的亲人、朋友也都各自成家立业，根本无暇顾及你，或者是你的丈夫或妻子也为了维持家庭精疲力竭，你却只想依赖，不想为家庭贡献任何力量，如此一来家庭怎么能够和谐？

小学生一定有这样的体会，当第一次遇到难题的时候如果有人轻易给出答案，那么在第二次一定也会直截了当地寻求帮助。殊不知，脑子长久不转动是会锈掉的，等到某一天真的想要动脑时，才发现自己已经失去了独立思考的能力。这是依赖的悲哀。

任何一个人要想在这个世界上更好地生存下去，就必须学会独立。归根结底，父母会老去，妻子或者丈夫作为我们的人生伴侣，也需要我们提供支撑，至于年幼的孩子和年迈的父母，更是人到中年的我们需要多多照顾和扶持的。如果不独立面对这个世界，那些需要依赖我们的人又该如何呢？诸如在职场上，假如我们始终无法独当一面，总要借助于他人的帮助和扶持才能完成工作，那么上司总有一天会对我们失去耐心，毕竟公司需要的是一个能手，而不是一个累赘。当然，每个人都需要成长的过程，重点恰恰在于我们在依赖他人的时候，要督促自己不断地成长和成熟起来。一个依赖者，无论如何也不能获得真正意义上的成功。

众所周知，每个人都想成为命运的主宰，操控自己的命运。一个依赖他人的人，能够在人生的海平面上为自己掌舵吗？当狂风暴雨突如其来，他能坦然面对恶劣的环境吗？答案是否定的。当然，我们并不能彻底主宰命运，但是至少在相同的环境下，独立且有主见的人，更能够操控自己的人生，从而驾驶生命之舟驶向人生的彼岸。

作为一个从小娇生惯养的孩子，张晴对母亲的依赖简直到了极致。在去大学校园报到的第一天，她甚至不知道怎么铺床，妈妈一个人忙前忙后，她却坐在那里等着妈妈安排一切。在读大学期间，母亲几乎每个月都要坐火车奔波将近一千公里去看她，为她购买生活的必需品，也给予她很多细致的照顾。

大学毕业后，张晴依然享受着妈妈的照顾，却丝毫没有想到千里之外的妈妈如今身患重病。但是为了避免张晴担心，妈妈始终隐瞒病情，直到张晴寒假回到家里，发现妈妈已经骨瘦如柴。面对这样的妈妈，张晴痛哭流涕，不知道如何是好。妈妈笑着安慰她："即便有一天妈妈真的不在了，这里也有一个本子详细记载了家里的情况，你只要读一读，就能找到想要的答案。"妈妈这句叮嘱让张晴更加羞愧万分，痛不欲生："难道我只能成为妈妈的负担，即便在妈妈最需要的时候也不能给予她些许的安慰和照顾吗？"张晴不愿意成为这样的人，她开始学着煎鸡蛋、煮鸡蛋，学着熬鱼汤，给妈妈增加营养。在短短的寒假期间，她甚至学会了包饺子给妈妈吃。

看着即将开学的张晴，妈妈发自内心地感到欣慰："孩子，你长大了，原来一直以来都是妈妈阻碍了你的成长。"张晴不想离开妈妈，但是学业要紧，此后她几乎每半个月就坐十几个小时的车回家看望妈妈，这才了解了这么多年来妈妈是多么辛苦地千里奔波。

如果不是因为妈妈生病，张晴也许还要在依赖的路上越走越远。妈妈的病反而给了张晴成长的机会，她似乎一夜之间长大了，意识到妈妈也需要她的照顾，也要在她的支持和陪伴下走过人生最艰难漫长的人生阶段。其实，很多人都原本可以成长得更加优秀，只是因为像事例中的张晴一样从小习惯了衣来伸手、饭来张口的生活，因而导致自身的能力渐渐退化，凡事都要依赖他人。

生活中，依赖他人会降低我们独立生存的能力；事业上，依赖他人则会严重影响我们职业生涯的发展，甚至禁锢我们的人生。明智的人一定会抓住一切机会努力锻炼自己独立自主的能力，这样才能在人生之中更加如鱼得水，游刃有余，也才能最终获得长足的发展，使人生更加精彩辉煌。我们应该清楚地意识到人生只能靠自己，命运也掌握在自己的手中。所以说，有人帮忙我们会如虎添翼，没人帮忙我们也要竭尽全力地奋斗，靠着自己的力量绽放。

当别人对困难绕道而行，你理应迎难而上

在人生路上，每个人都会遇到各种各样的困难，对于这些困难，有的人选择绕道而行，有的人选择迎难而上，还有的人则选择了退缩。毫无疑问，选择退缩的人永远也无法到达理想的彼岸，更不可能获得自己梦寐以求的成功，选择绕道而行的人尽管也许经过迂回曲折能够接近自己的人生目标，但是无形中要多走很多弯路，也会导致人生变得被动。人生中真正的强者，一定会迎难而上，想尽办法战胜困难，把困难踩在脚下。由此一来，人生才会得到更大的提升，也才能创造出更大的成就。

人的本能质疑就是趋利避害，没有人愿意使自己面对困难，更不愿意遭遇麻烦。然而，有些人明知山有虎，偏向虎山行，他们很清楚责任总要有人承担，困难总要得到解决。对于这样的“大傻冒”，也许有人会不以为然，甚至嘲笑挖苦他们自讨苦吃。然而，尽管大家都知道枪打出头鸟，这个社会依然需要有人敢为人先，也需要有人勇敢无畏地当开路先锋。我们无须

在乎他人迎难而上的目的或者用心，仅就这个行为本身而言，足以得到我们的尊重和敬佩。

我们迎难而上，也许会遭遇失败，但是失败也能够给我们积累丰富的经验和阅历，使我们以后对于类似的难题不再陌生，甚至产生超强的免疫力。如果成功了，我们自然能证实自己的实力，也能够得到他人的一致认可和赞许。尤其是在职场上，当我们解决了他人无法解决的难题时，领导一定会对我们刮目相看。总而言之，尽管人们常说多做多错，我们还是应该不遗余力地努力尝试，只有抓住一切机会锻炼和提升自己，我们才能变得越来越优秀，也真正成为强者。

作为通用电气公司的董事长，杰克·韦尔奇同时身兼通用电气公司首席执行官的职务。他对于通用电气公司的影响非常深远，在某种意义上，可以说他掌握着通用电气公司的前途和命运。

作为通用电气公司的管理者，杰克·韦尔奇有句名言："要么风险，要么滚蛋。"一直以来，他都坚持"在其位，谋其政"的工作风格，不允许自己和手下的人找任何借口推脱和拒绝工作任务。他尤其不允许推脱责任的情况出现，因而整个通用公司都形成了主动承担责任，勇于解决难题的良好风气。

有一次，有个员工因为各种原因导致能力不足，无法圆满完成工作任务，因而找到了杰克·韦尔奇，在他面前用各种借口和理由为自己开脱。杰克·韦尔奇心知肚明，这个下属就是因为怕损害自身的利益，也不愿意得罪人，所以才这样推三阻四。思考再三，正当杰克·韦尔奇准备把这个艰巨的工作任务另交他人时，有个刚入公司不久的年轻职员找到他毛遂自荐，主动要求负责这件棘手的事情。为此，杰克·韦尔奇对这个年轻员工马上生出好感，因为他也很清楚这项工作的确有一定的难度。尽管他有些为这个年轻人担心，但是为了保护年轻人的积极性，他还是毫不犹豫地把工作交给了年轻人，并且还不忘鼓励年轻人："只要功夫深，铁杵磨成针，相信你一定能够战胜困难，完成任务。"果不其然，这位年轻人想方设法，最终不但圆满解决了问题，还为公司争取到一个大客户的订单。从此之后，杰克·韦尔奇对这个年轻人刮目相看，最终还让年轻人接替了自己的职务，成为他卸任之后新的通用公司董事长兼首席执行官。这个年轻人就是杰夫·伊梅尔特。

一个人对待人生的态度，决定了他在人生路上能走多远，也决定了他人生巅峰的高度。同样的道理，一个人对待难题的态度则反映出他对待人生的态度。事例中的杰夫·伊梅尔特之所以能够从一个普通的年轻职员成长为通用公司的董事长兼首席执行官，这与他主动面对困难，承担解决难题的重任是分不开的。而那个在杰夫·伊梅尔特之前推卸责任的职员，注定了一生也无法实现人生的伟大目标。

众所周知，现代人生的发展最重要的是抓住机遇。然而，好的机遇并非总是从天而降，因而被动的等待往往没有结果。真正的聪明人一定会主动迎接机遇的到来，发现并且承担责任，主动解决别人无法解决的难题，而这就是发现机遇的最好机会。退一步来说，即便我们最终无法获得成功，也并不意味着我们会毫无收获。那些成功的经验、反省和在解决问题中得到提升的能力和心理素质，都是比成功更重要的收获。所谓不经历无以成经验，我们只有主动经历，才能为人生积累更加丰富的经验，也才能彻底改变命运，主宰命运，让自己的人生从此变得与众不同，精彩绝伦。

成为三头六臂的孙悟空，才能扫平一切困难

在越来越浮躁复杂的社会中，很多人都采取明哲保身的态度，事不关己，高高挂起。用民间俗话来说，就是各人自扫门前雪，莫管他人瓦上霜。

如此一来，人与人之间也就变得越来越冷漠，几十年前那种邻里相互守望的感觉，在现代社会再也无处寻觅。由此，整个社会也变得更加冷漠，毕竟社会是由每个人组成的，人与人之间任何的风吹草动，都会影响整个社会的风气。生活在这样一个日渐冷漠的社会里，真的很幸福吗？答案当然是否定的。在任何情况下，感情才是人与人交往的真谛，尽管在现实生活中很多人因为金钱、利益等结为同盟军，但是都无法与人与人之间的真情相媲美。

在金庸和古龙的武侠小说中，我们经常看到那些大侠扶危济困，路见不平拔刀相助。在现代社会中，别说是拔刀了，对于和自己无关的事，人们哪怕是多说几句都不愿意。其实，不管时代如何发展，我们都应该当一个三头六臂的孙悟空，见到妖魔鬼怪就马上亮出自己的金箍棒，不遗余力地帮助他人，也维护社会的和平与正义，这才是具有社会责任感和使命感的人真正该做的事情。

从古至今，人们都很崇拜英雄，并非单纯因为英雄超出常人的能力，更因为英雄具有社会责任感和使命感，每当遇到关键的事情，总是能够挺身而出，战胜困难，也扶危济困，慷慨地帮助他人。虽然我们都是普通人，但是也应该保持积极和热情，在生活中乐于助人，在职场上更要拥有三头六臂，能够摆平其他同事无法解决的难题。如此一来，我们不但会得到同事的认可，而且会得到上司的赏识，最终成为处处受人欢迎和尊重的“英雄”。

一天清晨，一座位于美国宾夕法尼亚州的大型停车场发生了事故，导致调车场线路一片混乱，整个调车场都陷入惊慌之中，很有可能因此引发次生灾害，导致车祸发生。作为一名普通的电信技工，约翰逊也意识到问题的严重性，他心急如焚，但是也因为他只是一名普通工人，根本没有权力处理如此严重的问题。然而，如果继续等待上司上班再解决问题，眼下已经越来越混乱的车场线路将会引发严重灾害，后果不堪设想。这可如何是好呢？一旦他越俎代庖，代上司做出处理方案，而结果却依然恶劣，那么会给他招致严重的麻烦，轻则失去工作，重则遭遇牢狱之灾。此时此刻，现场还有好几个和约翰逊一样的电信工，他们都漫不经心地等着上司到来。

原本，约翰逊也可以和其他同事一样事不关己，高高挂起，但是一想到严重的次生灾害也许会导致很多人的生命受到威胁，他马上下定决心，在文件上冒着上司的名义签名，并且作出了及时妥当的安排。如此一来，等到上司姗姗来迟时，停车场的线路问题已经在约翰逊的处理下得到了圆满解决，秩序井然有序，一切就像始终如常一样。上司得知约翰逊的行为后，非常认可他，并且给予了他重重的奖励。在上司把随机应变的约翰逊的英勇事迹报告给总部之后，总部当即破例提拔约翰逊，使他从一名普通的电信工成为了总公司的重要领导。从此，约翰逊的职业生涯一帆风顺，他也真正实现了自己的价值，拥有了辉煌的人生。

在这个事例中，如果约翰逊和其他电信工一样，只关心自己的工作，而不关心整个停车场的安危，也许他至今还和那些电信工一样平凡，默默无闻。但是约翰逊在意识到问题的严重性之后，甘愿自己冒着极大的风险，也要阻止严重次生灾害的发生，因而最终成功制止了混乱，也使自己的人生得到了好的机遇。

一直以来，人们都被“枪打出头鸟”的错误观念影响，不愿意在关键时刻表现自己。其实人们也常说，乱世出英雄，意思是说越是在关键时刻，越能够展现出一个人超强的能力和水平。因为在混乱之中不但更需要有人挺身而出，也更能彰显出人性的光辉和美好。所以朋友们，假如你们想要引起他人的注意，不妨从此刻开始就不要再怯懦，而应该抓住机会为他人造福，为社会贡献自己的一份力量。也许，机遇就在不起眼的时刻，正在悄然从你身边溜走，你必须看准时机抓住机遇，才能彻底改变自己的命运！

有责任心的人，从不推卸责任

一个敢于担当的人，总是能够得到他人的尊重，也能得到上司和领导的赏识。在现代职场上，分工越来越明确，任何工作上的小小失误都会找到相对应的责任人；但是也因为很多工作往往采取团队作战的方式，所以我们也必然面临责任的划分问题。在责任界定不够清楚的情况下，我们与其被动地推卸责任，甚至还有可能招致上司的不满，不如主动承担责任，从而有则改之，无则加勉，不但帮助同事分担了责任，也因为有责任心、有担当而得到领导的赏识，如此岂非一举两得吗？

从个人的角度来说，一个人要想获得迅速的成长和长足的进步，更应该主动承担责任。在承担责任的过程中，我们对于自身的认识更加深入，对于责任的理解和定义也更加深刻，最重要的是还能够提升和完善自我，从而使自己真正获得成长。偏偏职场上大多数人都不愿意承担责任，面对“从天而降”的责任，他们宁愿不停地抱怨，绞尽脑汁地寻找借口推脱，也不愿意承担。可想而知，这样的人在职场上必然得不到重任，还会因此失去上司的器重和赏识，可谓得不偿失。

在通常情况下，一个善于为他人着想的人，更能够主动承担责任。相对应的，一个人如果非常自私，只在乎自己的利益，也就必然会采取各种推诿的方式推卸责任。众所周知，职场是以成败论英雄的，成功无疑能够给我们带来荣耀和光环，也能使我们得到上司的认可和赏识。然而很多人都不知道的是，失败也同样是公司对于职员的一种投资。举例而言，对于一个职场新人，公司早就作好了新人会不断犯错的准备，然而公司在招聘之初之所以愿意聘用新人，也正是因为作好了承受损失，付出代价，帮助新人逐渐成长的准备。可以说，每家公司拥有的经验丰富、能够独当一面的老职员，都是公司不断栽培起来的。从这个角度而言，我们因为责任心而承担责任，恰恰是公司领导宁愿承受损失也愿意看到的，因为他们更在乎的是职员的迅速成长。为此，我们必须告诫职场上的朋友们，再也不要因为不想承担责任而一味推诿了，当你勇敢地承担责任后，你会发现你反而得到了上司的认可和赏识，甚至职业生涯也由此变得一片光明。

作为一起进入公司的新人，赵凯和陈佩的起点相差无几。他们都毕业于同一所学校，而且都没有工作经验。也因为是应届大学毕业生，他们在找工作之初颇费周折，因为很多公司都不想投入太多培养新人，而更倾向于聘用有经验的员工。只有这家公司，给予了他们这两个初出茅庐的大学生宝贵的机会，并且招聘主管还说："希望你们能和公司一起成长，最终成为真正的人才！"

很快，三个月的试用期就过去了，赵凯和陈佩因为勤奋踏实，努力肯干，都得以继续留在公司。然而，半年之后，他们俩一起负责的项目却出了大问题，给公司造成了严重损失。为此，上司狠狠地批评了他们，并且让他们分别写一篇检讨，还说有可能让他们也分摊一定的经济损失，作为对他们的警告。听到上司说得这么严重，赵凯和陈佩都很愧疚，当即开始写检讨。很快，赵凯的检讨就交上去了。在检讨里，赵凯非但没有反思自身的原因，反而把所有的责任都推动了陈佩身上，因而他的检讨书看起来更像是推卸责任为自己辩解的告白，让上司很不满意。直到几天之后，陈佩才交上了自己的检讨书。在这篇长达五千字的检讨书里，上司看到了陈佩对于项目失败的深刻反思，也看到陈佩如今已经知道了自己的不足并找出了导致项目失败的诸多原因。最可贵的是，陈佩把所有责任都主动承担下来，这让上司对陈佩刮目相看。从此之后，上司有了重要的项目依然会交给陈佩，但是却渐渐冰冻了赵凯。很快，陈佩就因为在工作上飞速的进步和出色表现，得到了提拔和晋升。而赵凯呢，似乎也感受到上司对他冷淡的态度以及被冰封的工作状态，最终选择了辞职。

原本，赵凯和陈佩都能够得到上司的重用，最终，却因为对待责任的态度不同，他们有了截然不同的职业命运。任何上司都不会喜欢一个推卸责任的人，因为一个人如果在犯错之后只知道推卸责任，就无法静下心来思考自己在失败中的得失，也就无所谓取得进步。相反，假如人人都能像陈佩一样深刻剖析自己在工作中的表现，那么上司完全有理由相信他通过一次失败获得了长足的进步，也绝不会在未来的工作中再犯同样的错误。如此一来，他又怎能不进步神速呢！

一个人从呱呱坠地开始，没有任何生活的经验。即便学习简单的走路，小小的婴儿也需要不断地努力，在经历无数次摔倒之后才能踉跄前行，更何况是成人面对越来越沉重和复杂的人生呢？我们要做的不是知难而退，也非绕道而行，而是不断地在人生路上勇敢地尝试。唯有如此，我们才能坚持从失败中汲取经验和教训，也更加快速地提升自我。尤其需要注意的是，当失败已经产生，一味地抱怨不但毫无用处，反而会贻误弥补错误的宝贵时间。我们唯有养成从自身出发寻找问题根源的好习惯，才能最大限度促进自身发展。记住，没有人会对一个勇于承担错误的人感到不满，与其因为推卸责任招致他人不满，不如勇敢承担责任得到他人的刮目相看和欣赏器重，这样我们的人生之路才会更加平坦。

自助者，天助也，你要靠自己才能成功

人生是一场漫长的旅途，走在漫漫人生路上，每个人都会看到不同的风景，最终也会抵达不同的人生目的地。很多人在人生的路上总是瞻前顾后，既留恋曾经美好的过去，也无限憧憬可能实现的未来，却唯独忘记了一

切的理想假如不能付诸实际行动，最终就会变成毫无意义的空想。

每个人都应该成为命运的主宰，把命运掌握在自己的手中。因为我们只有自身强大起来，才能坦然面对人生的风雨泥泞和坎坷，也才能最终成就辉煌的人生。在现实生活中，偏偏有很多人都把希望寄托在他人身上。诸如很多年轻人在父母的供养下大学毕业后，还希望父母能够继续资助他们买房、结婚等；有了孩子之后，也要求父母必须帮助他们养大孩子。还有些人在工作中始终无法独当一面，也是因为他们一直不给自己机会得到锻炼，在任何时候都要亦步亦趋地请示领导，从而避免自己承担责任。试想，假如领导愿意事必躬亲，又何需这些下属呢？

也许有人会说，一根筷子被折断，十根筷子抱成团。归根结底，一个人的力量是有限的，我们必须和他人合作，才能胜任某些任务。这当然没有错。不过，合作和依赖是完全不同的概念。前文我们所说的是依赖，合作则是把我们的力量和他人的力量凝聚到一起，从而拥有更加强大的力量。合作是现代社会的人们必须掌握的生存之道，但是在合作的过程中我们也需要注意，不能养成依赖合作伙伴的坏习惯，否则我们将永远都是他人的附庸，而无法真正做到独当一面。

不管是对于生活，还是对于工作，我们归根结底都需要独自面对。尤其是在人生中遭遇挫折和坎坷的时候，我们只有勇敢面对，绝不放弃，即便在没有人帮助的情况下也能够勉力支撑，才能熬过苦难，最终获得人生的柳暗花明。否则，如果我们因为没有外援就放弃一切，最终一定会被命运抛弃，成为人生的弃儿。细心的人会发现，当一个人生命力源源不竭的时候，他就能够得到命运的垂青，获得命运的转机。从本质上来说，这并非命运在偏向我们，而是因为我们具有永不服输的态度，才在坚持中等来了转机。对于轻易放弃的人而言，这样的转机永远不会出现。

很久以前，有个走投无路的乞丐来到了深山里的寺庙乞讨。不想，原本宅心仁厚的方丈在看到乞丐之后，非但没有马上施舍给他，反而还指着寺庙前面的一堆砖面色严肃地说：“你把这堆砖搬到后面院子里吧！”乞丐为难地说：“但是我只有一只手，怎么能搬砖呢？你如果不想施舍我可以直接说，不用故意捉弄我。”方丈一言不发地单手拿起一块砖，说：“谁说一只手就不能搬砖呢，只不过一次搬动的少，要多跑几次而已。想做的话，一定能够做到的。”就这样，乞丐每次只能拿起一块砖，在烈日下足足忙碌了四五个小时，才把砖全都搬到了后院。这时，方丈看着大汗淋漓、满脸脏污的乞丐，拿出一条雪白的毛巾湿润之后递给乞丐，让乞丐清洁自己的脸和手。等到乞丐擦拭干净脸和手之后，方丈慷慨地拿出一百元递给乞丐，乞丐没想到方丈会给他这么多钱，因而连声道谢。方丈却面色平静地说：“你不用谢我，这是你的劳动所得。”

过了几天，寺庙里又来了个乞丐。方丈把乞丐带到后面的院子里，指着那堆前几天刚被搬过来的砖，对乞丐说：“你先帮我把这堆砖搬到屋子前面的空地上。”尽管这个乞丐双手健全，却对方丈不屑一顾地哼了一声，就离开了。这时，徒弟疑惑地问方丈：“师父，您这堆砖到底想放在屋子前面还是后面院子里呢？这可是您前几天刚刚让前一个乞丐从屋前搬过来的呀！”方丈笑着说：“这堆砖放到哪里都行，最重要的是必须在乞丐搬砖之后，才能给予他们施舍。这样他们才能知道不劳而获并非长久之计，只有依靠自己的劳动赚取收入，才能彻底改变命运。”

几年之后，有个西装革履的人来到寺庙，出手阔绰，捐了很多香火钱给寺庙。方丈对这个人表示了感谢，这个人却说：“师父，是您让我有了今天，该是我感谢您才对。”这时，方丈才看到这个人有一只西服的袖筒里是空的。原来，这就是当年在方丈的教诲下搬砖的独臂乞丐，如今的他已经小有成就，彻底改变了命运。

在这个事例中，方丈无疑深谋远虑，他正是靠那堆砖，来点化每一个前来乞讨的乞丐。那个最终仅靠着一只手成功把砖搬到后院的乞丐，如今凭着一只独臂拼出了人生的新天地。但是后来的那个身体健全的乞丐却不屑于搬砖，只想着不劳而获，人生的悲惨也可想而知。

对于每一个人而言，人生都应该是靠自己的双手创造出来的，否则一味地乞求得到他人的施舍，妄想着不劳而获，根本不可能获得成功的人生。因此，一个人要想傲然屹立于世，就一定要树立坚定的信念：依靠自己的力量获得成功。归根结底，只有我们自己才是命运的主宰，外界的力量和影响即使再强大，也无法超越我们内心的力量。不管我们的处境多么艰难坎坷，我们都应该坚定不移地依靠自己的力量，始终心怀希望，向着美好的未来不懈奔跑。最终能够依靠自己趟过苦难的我们，也必然拥有更加强大的内心，更加坚定的信念，从而使我们的人生比他人拥有更多的灿烂辉煌。

第08章 确定一个目标，并朝着那个方向去努力

从某种意义上来说，人生是由目标决定的，因为每个人都在奔向不同的人生目标，因而也就出现了各不相同的人生。毋庸置疑，每个人都想要获得成功，也希望自己的人生更加精彩辉煌。但遗憾的是，只有少数人如愿以偿，大多数人在通往成功的道路上总是遭遇坎坷和挫折，最终导致失败。难道是因为人与人之间天赋不同吗？曾经有位名人说，其实每个人的客观条件都相差无几，唯一的区别在于人心。有些人心意坚决，目标坚定，一旦确立目标，就能坚定不移地朝着目标努力奋进。相反，有些人却因为缺乏毅力，也畏惧艰难险阻，最终忘却初心，在人生道路上渐渐偏离，直至最终一事无成。

目标坚定的人，更容易获得成功

每一个成功的人，无一不是确立了人生的目标，最终通过不懈努力实现了目标。这就是成功。从本质上来说，成功就是实现一个有价值的目标。不过需要注意的是，成功对于每个人都有不同的意义和定位。伟大的人有伟大的成功，平凡的人有平凡的成功，因而我们无须只盯着他人炫目的成功看，最重要的是要拥有属于自己的成功。这就像是学生们在学习的道路上追求成功，并不是在几百甚至几千人里出类拔萃才叫成功，也不是在班级的几十人里考取第一名就是成功，而是和昨天的自己相比，只要今天有了一定的进步，就是成功。

由此可见，成功不可模仿，更不可照搬。既然每个人都应该有独属于自己的成功，那么我们更应该从此刻开始深入认知和了解自己，从而根据自身情况制定合理目标，然后坚持不懈、持之以恒地迈向成功。

古人云，“有志者，事竟成。”这句话的意思是说，一个人只有确立远大的志向，并且为其奋斗拼搏，才能获得成功。这其中的道理很容易明白。以跑步为例，假如一个人要想尽快到达终点，就要首先为自己确定终点。否则，倘若漫无目的地跑下去，即使累死，也始终无法到达目的地，也就无法获得成功。成功的人生都是有规划的人生，当人生的前景清晰地勾画在我们心中，出现在我们眼前，我们有何理由不努力呢？此外，目标还能激励我们始终满怀激情，充满斗志，也更加坚韧不拔。没有人能够一蹴而就获得成功，在通往成功的人生路上，我们难免会遇到坎坷挫折，甚至遭遇看似

无法顺利渡过的绝境。在这种情况下，只有目标才能激励我们排除万难，奋勇向前，超越一个又一个人生困境，最终到达成功的彼岸。

施瓦辛格一直以来都是一个目标明确的人。早在十八岁的时候，正在服兵役的他为了实现自己的梦想，居然擅自脱离岗位，到达遥远的德国参加健美比赛，最终夺得青年欧洲先生的奖杯。当然，作为一名士兵，他也付出了代价，捧回奖杯的他被关了一周的禁闭，闭门思过。通过这次的冒险行为，施瓦辛格更加确定了要想实现梦想，就必须付诸行动，哪怕付出代价也应该在所不惜的信念。

几年后，美国纽约举行国际健美比赛，施瓦辛格幸运地得到邀请，因而也有了参赛资格。他凭借强健的体魄，对于自己能够成为当之无愧的健美先生毫不怀疑。然而，这次命运没有一如既往地善待他，他失败了。就像是当头一棒，这次失败使盲目自信的他开始反思自身，也意识到自己还需要更加努力地学习，以充实自己。为此，当其他参赛选手都四处寻欢作乐时，他却专心致志地在公寓里看上一届获奖选手的录像。如此认真的态度，使他最终在这项比赛中夺得冠军，并且在此后的五年里始终蝉联冠军。

健美之王的荣誉，给施瓦辛格带来了表演的机会。后来，他进军演艺圈，在第三部影片《饥肠辘辘》中就有了非常出色的表现，也因此得到了金球奖。然而，他并不感到满足，他一直以来都坚信自己会成为明星，所以这份荣耀对他而言也是意料之中的。后来，他更是凭借在好莱坞大片《终结者》中的出色表演，成为国际知名的影星。

按理说，这样的成就对于普通人而言无异于极大的成功了，但是已经在影视圈名声大噪的施瓦辛格却在56岁那年突发奇想，决定竞选加州州长。听到这个疯狂的想法，除了妻子之外，所有人都反对他。没有人知道，这是他一直以来的梦想。然而他心意已决，意志坚定，最终在州长竞选中成功胜出，由此，他真正实现了自己的人生梦想。在第一届任期期满之后，他更是以出色的政绩争取到连任。

施瓦辛格这个原本非常瘦弱的奥地利男孩，为了圆自己的美国之梦，为此付出了不懈的努力。在漫长的人生道路上，不管他采取怎样迂回曲折的方式，始终都在朝着自己的人生目标不断奋进，也从未有任何一刻忘记自己的目标。倘若我们也像施瓦辛格这样那待人生如此坚定执着，我们的人生也必然能够出现新的超越，实现质的飞越。

在现实生活中，有很多人都庸庸碌碌地度过一生，他们其实并非能力不足，也并非努力不够，而只是因为缺乏明确的目标，因而也就缺少向着目标不懈进取的果敢和毅力。目标决定了我们人生最终到达的高度，尽管这句话并非绝对成立，但是很有道理。现在的我们也许还很卑微，默默无闻，但是只要我们为自己制定合理的目标，并且能够坚持不懈地朝着目标奋进，终有一天我们的人生会变得与众不同。

在制定目标时，过于高远的目标会导致我们产生挫败感，因而我们的目标尽管要远大，却应该在合理范围内，是我们努力之后就能实现的。其次，长期目标因为战线太长，所以每个人都不可能一蹴而就地实现长远目标，因而我们也可以把目标进行分解，然后逐一实现短期目标，最终使短期目标促进长期目标的实现。最后，我们必须牢记古人所说的，千里之行，始于足下。任何伟大的目标或者人生的理想，倘若不能付诸实践，都会变成空想。同样的道理，目标制定得再好，也必须马上付诸实际行动，才能拥有切实的意义，也才能真正推动我们人生的发展。朋友们，如果你们也渴望成功，那就马上行动起来制定目标，并且为了目标不懈努力吧！

南辕北辙的人，永远也到达不了目的地

就像船只在茫茫大海上航行一样，人生也必须找准目标，才能最终在漫无边际的旅途中到达目的地。否则，人生就会多一些徒劳无用的付出，甚至还会因为方向不对，导致南辕北辙，永远也不可能到达目的地。细心的人会发现，古今中外，大凡成功人士，无一不是人生方向明确，目标坚定的。正因为如此，他们才能克服通往成功路上遇到的重重阻碍和困难，始终不忘初心，朝着目的地坚定不移地前进。

如果你了解高尔夫，你会知道在学习高尔夫的过程中，最重要的就是把握方向。对于远方那一个个小小的球洞，小球一旦偏离方向，就无论如何也不可能成功进洞。其次，才是力量等的把控。的确，成功也需要诸多因素的综合作用，古人所谓的天时地利人和，指的也是在保证方向正确的前提下。如果人生没有方向，就像人焦虑时在原地不停地徘徊一样，注定了毫无进展，以失败告终。

一直以来，我们都说人生需要毅力和坚持，这也是成功的必备素质。然而，假如方向错了，不管再怎么坚持和努力，都只会导致事情朝着相反的方向发展，事与愿违。由此可见，只有保证方向正确，我们的努力才是有用功，我们也才能如愿以偿，实现人生的伟大梦想。

有个父亲，在休息日到来时，带着三个儿子去草原上狩猎。很快，他们就来到了人迹罕至的草原深处，这里也最容易碰到猎物。正当父子四人刚刚准备好时，突然一只惊慌失措的野兔出现在他们面前，一闪而过。这时，父亲问大儿子：“你看到了什么？”大儿子略加思索，说：“我看到了草原、野兔，还有我们手里的猎枪。”

父亲摇摇头，似乎对大儿子的回答并不满意。紧接着，他又问二儿子：“你看到了什么？”二儿子说：“我看到了漫无边际的草原，还有奔跑的野兔，还有猎人，就是爸爸、哥哥、弟弟还有我。”二儿子的脸上闪着狡黠的光，他一定以为自己的回答能够博得父亲的赞许，不想父亲依然不易觉察地摇摇头，说：“你看到的并不对。”

最后，父亲面对着小儿子，问：“你看到了什么？”小儿子不假思索地说：“前方的野兔。”父亲这才露出笑容，连声赞许：“对了，对了，我的老儿子一定是个好猎手。”

在这个事例中，父亲其实最想要得到的答案就是一个猎手应当有的方向和目标。只有小儿子的回答最符合父亲的期望，因为小儿子的目光始终注视着前方，不仅没有因为身边的父亲和哥哥们而分散注意力，而且目标明确，思路清晰。如此一来，在方向正确的前提下，他的诸多优点一定能够帮助他实现愿望。

在现实生活中，每个人的人生方向都是不同的，这是由于人们的脾气秉性都各不相同导致的。而且，人们的成长经历、教育背景以及各种观念，也都不尽相同。所以对于我们而言，唯有找准方向，才能根据自身的实际情况最大限度地发挥自身的能力，实现人生的辉煌。否则，一旦方向错了，即便再怎么努力，也无法达到目标。反而因为方向的错误，我们越是努力，越是坚持不懈，也就离最初的目标越远，如此南辕北辙，还怎么可能让人生如愿以偿呢！

需要注意的是，尽管很多人都自以为了解自己，实际上大多数人对于自己还是比较陌生的。要想确立正确的人生方向，我们首先应该正确认知自己，深入了解自己，从而做到尽量客观公正地评价自己，分析自己的优势和劣势。所谓知己知彼，百战百胜，尤其是在人生之中，我们必须透彻了解自己，才有可能激发出自己的潜力，最大限度地发挥自己的特长，最终拥有成功的人生。其次，我们还要明确自己的目标。确立方向只是迈向成功的第一步，正确的方向和明确的目标之间相辅相成，没有方向也就无法制定目标，如果没有目标，即便确立了人生方向，也会因为缺乏目标的指引导致事倍功半。唯有把这两者巧妙结合起来，使其恰到好处地统一起来，我们才能在人生的路上如鱼得水，游刃有余。

毋庸置疑，没有人的人生会是一帆风顺的。在人生的道路上，每个人都难免需要艰苦地跋涉，才能超越重重艰难险阻，距离梦想越来越近。当然，人生正是在这样不断挑战和战胜困难的过程中才得以不断进步的。人生是动态的，我们也处于持续的学习和进步之中，因而即便最初确立了人生方向，我们也不能一条道走到黑。真正明智的人会根据事情发展的状况，不断地调整自我，顺势而为，直到找到通往成功的最佳路线、获得成功为止。

希望是人生的引航灯，唯有一往无前才能到达彼岸

假如你曾经坐过船，或者曾经驾驶过船，你就知道在看似漫无边际也毫无阻碍的大海上，看起来不管往哪个方向航行都可以，实际上最难的就是确定方向和目标。因而，在靠近海边的浅海区域，总会有灯塔矗立着，每当夜幕降临时，灯塔就会发出悠长的灯光，为大海里航行的船只指明方向，也对其起到警示作用。对于人生而言，希望恰恰如同海上的灯塔，人生也恰如大海，时而风平浪静，时而狂风暴雨，但是只要有灯塔在，那些船只就不会触礁，也不会迷失回家的路。希望是人生的引航灯，在变幻无常的人生海平面上，它始终坚守岗位，为我们指出正确的方向，也指引着我们到达人生的彼岸。

假如人的心中没有希望，就会像一只在海上迷路的船一样，只能随波逐流，最终不知所踪。当然，希望并非是平白无故产生的。真正的希望来自于我们坚定不移的人生目标，以及我们对于人生无限的憧憬。假如一个人终

日都在浑浑噩噩地度日，那么他无论如何也无法做到心中有希望。从本质上来说，希望就是人们对于未来的憧憬和畅想。没有人生目标的人根本没有未来可言，又哪来的希望呢！由此可见，人生目标和希望一起构成了我们人生的指引，让我们在漫漫人生路上执着向前，决不放弃。

曾经有心理学家证实，每个人在睡眠中都会做梦。那么，对于未来的憧憬和幻想，与梦到底有何区别呢？梦是人们的潜意识在睡眠中的活动，希望却是人们有意识地规划人生，畅想未来，因而说希望对现实更加具有指引意义，也更加能够激励人们朝着人生目标不断奋进。当人们通过自身的努力真的如愿以偿，那份喜悦也会带给人们莫大的信心，从而激励人们在人生路上更加不断奋斗进取。换言之，假如一个人心中没有希望，哪怕是处于人生顺境也会觉得索然无味。尤其是当我们身处逆境需要不断坚持的情况下，就会因为缺乏毅力，看不到未来，最终悻悻然放弃。殊不知，成功往往出现在无数次失败之后，也出现在人生的转角处。也许我们只要能够熬过最艰难的时刻，再继续努一把力，就能够实现梦想。所谓黎明前的黑暗，也莫过如此。要想顺利度过这个时刻，我们就必须看到希望，心中必须有明灯的指引。

有一天清晨，天刚蒙蒙亮，整个海岸都被浓重的大雾笼罩着。在海边大概34公里处，一位三十多岁的女性从卡塔林纳岛上下到冰冷的海水中。原来，她就是费罗伦丝·查德威克，这一天是她准备从卡塔林纳岛为出发点，游到加州海岸。在此之前，她曾经成功横渡英吉利海峡，也成为世界上第一个做出如此壮举的女性，她的名字被载入史册。而她今天的这场挑战，显然不占据天时。因为浓雾笼罩，海面上没有一丝一缕的阳光，她浑身浸泡在冰冷的海水中，冻得瑟瑟发抖。视线也很差，尽管她知道护送的船只就在她身侧，但是她却丝毫找不到船只的身影。

此时此刻，无数民众正通过电视直播看着她不停地游动，人们心里都为她捏了一把汗，毕竟这是一次伟大的挑战。对她而言，在海水中游泳并不陌生，并不感觉特别疲劳，只是觉得身体的热量散失得太快，很快就透心凉了。在坚持了十五个钟头之后，她觉得筋疲力尽，而且浑身都已经被海水的寒冷弄得麻木了。放眼望去，她只能看到浓雾，连海岸线的影子都见不到。因此，她以为距离海岸线还有很远，因而决定放弃，便发出讯号让护送的船把她拉上去。这时候，她的教练和母亲都在旁边的一条船上，始终陪伴在她的身侧。他们告诉她，只要再坚持一下，很快就能到达海岸，她距离成功只有咫尺之遥了。然而她极目远眺，还以为教练和母亲都在安慰和鼓励她呢，因为她根本看不到海岸线。想到这里，她坚决要求上船。当她到了船上披着厚厚的毛毯，还没有喝完一杯热饮时，就看到了海岸线。原来，教练和母亲说的是真的，她只要再坚持一小会儿，就能成功完成这项壮举，如今却功亏一篑。不得不说，这样的结果让她感到很遗憾。事后回想起当时的经历，她感慨万千地说："浓雾使我看不到希望，最可怕的不是疲劳，是没有希望。"

两个月之后，费罗伦丝·查德威克再次横渡海峡，不但成功了，而且以提前两个小时的成绩打破了此前一位男士保持的纪录。费罗伦丝·查德威克成为世界上第一个成功渡过卡塔林纳海峡的女性，而且从此之后她再也没有半途而废过，因为她的心中有了希望。

在这个事例中，费罗伦丝·查德威克第一次横渡卡塔林纳海峡之所以失败，既不是因为寒冷，也不是因为疲劳，而是因为她看不到希望。后来，她调整自己的心态，从失败之中汲取经验和教训，不但成功渡过海峡，还成功打破了此前由一位男士保持的记录。其实，人生何尝不像横渡海峡呢，人们最害怕的不是艰难险阻，而是心中没有希望。古人云，哀莫大于心死，一个人心中没有希望就像是已经心死了一样，很难支撑自己渡过难熬的时刻。

从另一个角度来说，当人一心惦念着自己的目标，也对于实现目标充满了希望，坚信自己一定能够达成目标时，那么即便在过程中遭遇一些坎坷和挫折，也不会因此而放弃。相反，他们会在希望的激励下不断说服自己坚持下去，直到最终如愿以偿地实现目标。从结果的角度来说，目标和希望还能够帮助人们增强信心。由此一来，实现目标也就变得更有把握，并且是让人愉快的奋斗历程了。朋友们，请记住，当你们朝着希望勇往直前时，就没有任何外力能够阻止你们的征程。

近朱者赤，近墨者黑，与优秀者为伍才能进步

常言道，近朱者赤，近墨者黑，这句话出自《太子少傅箴》，它的本意是说靠着朱砂会渐渐变红，靠着墨则会慢慢变黑，后来人们常用这句话来形容人很容易受到外部客观环境的影响，有的时候也用以形容人还会受到身边人潜移默化的影响，最终导致人们在无意中发生改变，自己却很有可能毫无觉察。由此可见，我们不管是生活还是工作，也不管是有心还是无意，都应该尽量选择与优秀者在一起，这样才能不断进步，实现人生的飞越。

尤其是在现代社会，人与人之间的感情看似淡了，但是人际关系却越来越密切。几乎每个人都是群体的一员，都生活在社会环境中，无可避免地会受到他人的影响。如此一来，近朱者赤、近墨者黑的作用和效果也就更加明显。

当然，每个人都渴望自己能够不断进步，最终获得成功的人生，这一点无庸质疑。现实情况却是，我们在生活和工作中承受着巨大的压力，尽管想要和优秀者为伍，也未必能够如愿以偿。在这种情况下，尽管我们无法完全决定自己的去向，却可以在人际交往中表现出一定的倾向性。若干年前的农村，孩子们想要摆脱面朝黄土背朝天的生活，唯一的出路就是考大学。若

千年后的今天，可以说现代的大学已经普及，我们依然奋力读书，并非书中真的有颜如玉和黄金屋，也并非大学文凭就一定能够保证我们一辈子衣食无忧，大学不再是只起到单一的跳龙门作用，而是能够把我们带入不同的生活层次，和更多勤学好问、敏学好思的同学们在一起，接受大学校园浓重的文化氛围和求知环境的熏染。如果说读过大学的孩子和没读大学的孩子之间一定有什么区别的话，区别不仅仅在于知识的多寡，而在于孩子们眼界开阔的程度，身边围绕的人群，这也最终导致他们的人生观、世界观、价值观等不同，人生也由此拉开了差距。

现代社会，大学生绝不再是抢手货。一个人不管学历多么高，也不管资历多么深，都必须保持终身学习的好习惯，才不会被时代远远抛下。尤其是当知识更新的速度越来越快，信息传播更是如同坐上了火箭一样，我们唯有和优秀者为伍，才能更好地促进自身的进步和发展，从而做到兵来将挡，水来土掩，从容地面对生活。当然，生活中处处留心皆学问，而且三人行，必有我师。我们没有必要非要找那些全面发展、面面俱到的优秀人才为伍，毕竟人是有圈子的，在你能力不足的时候也许你根本无法进入更高层次的圈子。在这种情况下，我们完全可以学习身边人身上的优点和长处。所谓三个臭皮匠，胜过诸葛亮，只要我们愿意放低姿态，勤学好问，就一定能够从他人身上发现值得我们学习的闪光点。这样的学习，是人生中必不可少的。

马克思和恩格斯是好朋友。作为共产主义理念的创建者，马克思因为受到政府迫害不得不长期流亡在外，生活上异常艰苦。为了支持马克思，家境相对富裕的恩格斯省吃俭用，常常给马克思寄钱，帮助马克思维持生活。

1863年初，马克思的生活无法继续维持下去，简直连饭都吃不饱了，因而他决定让两个女儿辍学，还决定把家搬到租金相对便宜的贫民窟。得知这个消息后，恩格斯马上想方设法筹集了很多钱寄给马克思，帮助马克思一家人渡过了困境。后来，在给恩格斯的信中，马克思写道：“亲爱的恩格斯，我已经收到了你寄来的一百英镑。全家人都很感激你，无以言表。”当然，马克思并不仅仅从恩格斯那里接受馈赠，他也会在关键时刻不遗余力地帮助恩格斯。1848年11月，恩格斯仓促之间逃到瑞士，经济紧张。马克思得知此事后，尽管正在病中，却挣扎着起床去银行，取出自己所有的积蓄，毫不犹豫地寄给恩格斯。

这样一对志同道合的好朋友，不但在生活上相互关心，彼此扶持，而且共同为了共产主义事业奉献终生。他们都住在伦敦时，恩格斯每天下午都会去马克思家里，与马克思一起探讨政治和科学。因为谈论得过于投入，他们甚至完全忘记了时间，沉浸在激烈的争辩中。有的时候阳光明媚，他们还一起郊外散步，彼此间亲密无间。即使后来他们住得远了，也一直保持着书信往来，从未中断过交流。

马克思和恩格斯都以彼此为骄傲，并且竭尽全力支持对方的工作，帮助对方解决难题。有一次，还不精通英文的马克思要给一家英文报纸写稿，恩格斯得知此事后主动承担起翻译的任务，为马克思解除了后顾之忧。1883年，马克思去世之后，悲痛欲绝的恩格斯难以消除心中的悲伤，始终沉浸在失去挚友的痛苦之中，但是他还是拒绝了朋友们建议他出游散心的好意，当即开始着手整理马克思的遗作《资本论》。为了帮助马克思完成遗作，他废寝忘食，一刻也不敢停歇，几次因为过度劳累导致身体垮掉。在历经十一年的辛劳之后，恩格斯终于完成了马克思的《资本论》。他说：“当我整理《资本论》时，就像又在和马克思谈天说地，畅谈不已。”

在整整四十年的时间里，马克斯和恩格斯的友谊从未褪色，他们一起创建了马克思主义，给整个世界都带来了光明。也许正是因为彼此间的促进和激励，他们才能这么杰出和伟大，也极大地造福了全人类。

马克思和恩格斯都是优秀的人，他们彼此亲昵，相互扶持，最终创建了伟大的马克思主义理论，彻底改变了世界的格局和历史进程。从他们身上，我们不难看出朋友之间的深情厚谊，也不难看出志同道合的好朋友之间才能相互促进，最终成就彼此。

大名鼎鼎的哲学家苏格拉底说，我很清楚自己什么也不懂。无疑，苏格拉底是谦虚的，但也正是因为他怀着空杯心态，所以才能不断学习和进步，最终成为举世闻名的哲学家。所谓三人行必有我师，我们也应该在生活中多向他人学习。有人说看一个人的底牌，看他的朋友。由此可见，朋友之间的实力总是相差无几的，因而我们也可以把朋友当成自己的镜子，由此反观自身，不断进取。

生命不息，学习不止。每个人都应该抓住一切机会与优秀者为伍，从他们身上不断学习，也自我反省。在教育普及的现代社会，已经很少有不识字的年轻人了，因此也出现了新型文盲，即那些从来不知道主动学习的人。其实，人与人之间的客观条件和智力水平相差无几，人生之所以拉开差距，就是因为人们学习的能力有差异，而且对待学习的态度也完全不同。朋友们，当你们从大学校园里走出来的那一刻，你们就已经踏入了社会这所大学堂。唯有怀着谦虚的心态不断学习，坚持进步，你们才能真正从社会的大学毕业，也才能拥有自己的辉煌人生。

超越成功者，你才能获得更大的成功

人生中需要长期目标的指引，保证大方向的正确和不失偏颇。但是过于长期的目标无疑会使人们感到疲劳，毕竟长期目标并非一朝一夕间就能实现的，就像漫长的旅途容易使人感到劳累一样，过久的拼搏奋斗却没有激励，同样会让人感到疲惫不堪。为此，很多人都把长期目标进行分解，使其成为若干个短期目标。当这些短期目标达到之后，人们就会感受到成功的喜悦，也会因此变得更加自信。

其实，除了分解目标之外，还可以采取为自己树立榜样的方式激励自己。尤其是当选择身边熟悉的朋友或者同事，甚至是兄弟姐妹作为榜样时，我们因为总是能够看到对方，切身感受到对方的成功，因而也就更容易受到鞭策和激励。而且，因为榜样是有血有肉鲜活的生命，所以他们不但可以激励我们努力进取，寻求超越，也可以成为我们学习的对象。所谓青出于蓝而胜于蓝，当我们真正做到这一点，一定会感受到巨大的成功和喜悦。毋庸置疑，超越成功者，我们就一定能够获得更大的成功。换言之，我们也只有获得比成功者更大的成功，才有可能超越作为榜样的成功者。

在现实生活中，有很多人都做着白日梦，幻想着自己有一天一定能够变得非常伟大。实际上，一味地白日做梦并不能帮助我们实现理想，真正切实有效的方法是从熟悉的人中找一个人作为自己的目标，等到超越他之后，再重新确立一个更优秀的人作为自己的目标。如此一个一个优秀者挑战下来，你会发现自己就像上台阶一样，已经不知不觉进步了很多，人生也发生了翻天覆地的变化。

刚刚升入初三的羽凡突然感受到巨大的压力。原来，一直以来羽凡都很贪玩，但是初三的压力却使他清楚地意识到自己不能继续玩下去了，只有考上重点高中，才有可能进入名牌大学，由此进入人生的大舞台。羽凡可不想因为这一两年的玩耍导致一辈子都受到压制，他想为自己增加一双翅膀，从此展翅翱翔。

如何才能迅速取得进步呢？成绩在班级里处于中下水平的羽凡有些摸不着头脑，找不准方向。思来想去，他决定就从同桌下手。原来，每次考试，同桌的排名都比羽凡靠前五六名的样子。羽凡认为尽管自己求胜心切，但是心急吃不了热豆腐，所以不能急于求成。就这样，尽管羽凡的目标是成为班级的尖子生，但是他先把同桌看成了榜样和对手。经过一个月的刻苦努力之后，在月考中，羽凡的名次果然超过了同桌！这个小小的成功让羽凡非常高兴，也因而对自己更有信心了。接下来，他把坐在前排的琳娜定为目标。琳娜的成绩在班级的六十个人中，排名三十左右。如此一来，羽凡相当于在下一次考试中还要提高五名。

确定目标之后，羽凡继续努力。为了尽快提高分数，他先从弱项英语下手，每天早晨都早起背诵英语单词，朗读英语，果不其然，英语的上升空间很大，羽凡的总分居然上升了八个名次。接下来的时间里，他把目标定位班级排名二十的小风，只需要再进步两个名次。羽凡的目标是精益求精，也许只要细心一点少错一题，目标就能实现。期终考试时，羽凡非常认真细心，居然改掉了粗心的毛病，如愿以偿地把名次提高了两名。如此循环往复，在初三结束的中考上，羽凡顺利考入班级前五名，进入了梦寐以求的重点高中，也令所有老师同学以及父母刮目相看。

毋庸置疑，假如羽凡在班级排名四十左右的情况下，想要一步登天地考入前五名，这几乎是不可能实现的，反而还会因此给自己巨大的压力，最终导致事与愿违。如此循序渐进，而且把身边比自己更优秀的同学作为目标去实现，去超越，效果自然事半功倍。此外，羽凡还能从一次次的暂时成功中获得信心，从而使自己的提升计划进入良性循环中，也给予了他更大的力量。

其实，这种超越成功者的方法不仅仅适用于学习，也适用于人生中的方方面面。诸如在职场上，我们不可能从一个普通职员一跃成为高层管理者，所谓饭要一口一口地吃，路要一步一步地走。当你处于公司基层时，千万不要这山望着那山高，更不要眼高手低。唯有脚踏实地地勤奋工作，让自己一个台阶一个台阶地往上攀登，才能实现人生目标，最终完成自己的梦想。

现代职场竞争异常激烈，每个人都要靠自己的努力才能得到长足的发展。假如我们一味地沉浸在对美好未来的幻想中，甚至把目标定得过高且不切实际，我们的自信心就会备受打击，导致事与愿违。那些成功人士都有自身的独特之处，我们可以学习他们的成功经验，却不能盲目照搬他们的成功模式，东施效颦只会贻笑大方，如果走错了人生道路，一定会追悔莫及。所以，我们最需要做的就是向成功者学习，也为自己的人生提供无限的可能性。

第09章
人生只有一种失败，那就是半途而废

在人群中，真正的成功者只是凤毛麟角，大多数人都平凡而又普通。难道是因为成功者天赋异禀吗？还是平庸者的资质太过平庸？其实，相比起成功者，平庸的人唯独缺少了坚持到底的精神。因而，人人都渴望成功，最终获得成功的人却少之又少。大多数人在半途而废中无奈失败，也在半途而废中接受碌碌无为的人生。可以说，一个人只要面对失败不妥协，失败就永远也不会成为人生的常态和定局；而对于人生而言，真正的失败只有半途而废。

面对不幸，你可以表现得更坚强

没有人喜欢人生中的坎坷和挫折，尤其是那些看似无法顺利渡过的绝境，更是让人感到无比沮丧。然而，命运偏偏喜欢捉弄人，它从来不会让任何人的人生一帆风顺，总是像一个调皮捣蛋的孩子那样时不时地给人生加点料。

面对不幸，大多数人都会表现出脆弱的一面，甚至不停地抱怨，喋喋不休，无休无止。这样的抱怨有什么用处呢？其实，这样的抱怨毫无好处，除了暂时帮助人们宣泄负面情绪之外，长久来看，一个人如果总是抱怨只会影响自己的心情，导致自己越来越没有信心，也越来越悲观绝望。其实，面对不幸，我们完全可以表现得更坚强。既然不幸已经发生，不可能让时光倒流，使一切都复原，那么我们就只能坚强面对。当你真的勇敢面对人生的重重磨难时，你会发现天塌不下来，就算塌下来也有高个子顶着，砸不到我们身上。那些曾经你以为无法逾越的障碍，无法解决的难题，在你的坦然接受中，反而表现出屈服的样子，不再像想象中那么张牙舞爪，可怕无比。这就是接纳的魔力。

很多时候，人们之所以陷入痛苦之中，并非因为灾难本身带来的伤害，而是源于自己内心深处对于灾难和不幸的抵触心理。这种抵触心理使人抱怨，也使人脆弱。实际上，人是有很大潜能的，当我们从容迎接命运的挑战时，我们的潜能就会爆发出来，它的力量甚至超乎你的想象。

在自家的农场里，亨利允许刚刚十四岁的儿子开着轻型卡车转悠。虽然儿子还没到考取驾照的年纪，但是他非常沉迷于驾驭这个铁家伙的感觉，而且驾驶技术也的确很娴熟。亨利想，既然农场地方宽敞，也没有外来车辆，为何不让他练练手，也满足他心中跃跃欲试的痒痒虫呢！平时儿子开车时，亨利都会坐在副驾驶的座位上为儿子保驾护航，然而他今天实在是太忙碌了，因而他规定儿子不许开到农场以外的道路上，自己就在远处一边忙着收玉米，一边时不时地看看不远处的儿子。

过了一会儿，正当亨利抬起头看儿子时，可怕的一幕发生了。轻型卡车突然发生侧翻，倒进了不太深的水沟里。亨利马上不顾一切地奔向事发地，他看到儿子整个身子都被卡车压在下面，只有头还露在外面。亨利喊来工人帮忙，叮嘱工人拖出儿子，自己则不假思索地跳进水沟，以170公分的身高和70公斤的体重，居然一鼓作气抬起了车子，工人眼疾手快，赶紧把孩子从车底下救出来。此时，孩子已经失去知觉，亨利赶紧开车带着孩子去了最近的医疗服务中心。经过医生的一番检查，确定孩子只是皮外伤，根本无关紧要。直到此时，亨利才觉得不可思议，自己居然抬起了一辆轻型卡车。

当亨利把事情发生时的情况讲给医生听时，医生说："你这是因为发生紧急情况，所以身体突然分泌出肾上腺素，导致力量倍增。如果你不相信，等你回到家里之后可以再次尝试抬起那辆卡车，肯定纹丝不动。"亨利回家之后再次尝试，果然，卡车丝毫都没有动。这时，亨利才相信医生的分析，也意识到自己的确因为紧急情况迸发出了难以想象的力量。

爱子心切的亨利在看到儿子面临生命危险时，居然不假思索地就抬起了轻型卡车，而且是在没有任何人帮忙的情况下。由此可见，人在面对灾难时，身体也会进行自我调节，从而拥有非常出色的表现。朋友们，在面对人生的不幸时，千万不要忙着抱怨，我们只有积极乐观地面对问题，在最短的时间内作出应激反应，找到解决问题的方法，才能充分激发出自身的潜能，进而成功迈过不幸，畅行人生。

心理学家经过研究证实，有很多人在面对人生的不幸时，往往会把结果朝着不好的方向去想，导致自己越来越焦虑，甚至会因此产生畏缩退却的心理。由此可见，人们只要摆正心态，避免小题大做，也不去把小小的不幸无限放大，就能够激发内心的潜能，同时增强自己面对不幸的应变能力。

站在人生的瓦砾上，你就是英雄

在唐山大地震和汶川大地震中，经历了灾难的人们在大灾之后，在外援还没有到来的情况下，就抑制住内心的悲痛，开始了积极的自救行动。这种站在瓦砾上的积极的人生态度，让整个世界都为之感动，深受震撼。

很多人都喜欢丰满圆润的珍珠，为了购买到成色最好的珍珠，甚至不惜花费重金。殊不知，珍珠孕育的过程是非常痛苦的，蚌必须用自己柔软的身体日日夜夜忍受砂砾的摩擦，才能最终把砂砾层层包裹，形成珍珠。还有些人喜欢玉器，却未必知道璞玉看起来就像是一块丑陋的石头，必须经过剖开之后，再忍受痛苦的雕刻，才能成为让人欣赏和喜爱的艺术品，产生最大的价值。面对灾难和不幸，倘若人生也能怀着坚忍的精神不断孕育和磨砺，则灾难和不幸也必然像珍珠和玉器一样，最终变得圆润，也成为我们人生中不可多得的宝贵财富。

人人都希望自己能够成为命运的宠儿，得到幸运的眷顾。对于不幸，则人人闻之色变，对其避之不及。然而无论我们的偏好如何，命运总是公平的，它既给我们带来幸运，也常常让我们的人生伴随着不幸，如此我们才能在人生的磨砺中不断成长和成熟起来。既然不幸也是人生的常态，我们就没有必要因为不幸而郁郁寡欢，更不必感到委屈。看着满目废墟的人生，假如你依然能够傲然站立，并且对这堆残破的瓦砾施展雄心抱负，那么你就是人生中真正的英雄。

纵观历史长河，每一个伟大人物无一不经历了人生的不幸和苦难。倘若他们在苦难面前屈服，也彻底地败服，那么人类的历史长河中无疑会少了很多璀璨的珍珠，而多了更多不起眼的沙砾。所谓乱世出英雄，也正是这个道理。贝多芬正值事业发展的巅峰时期，作为一名音乐家却失去了听力；司马迁被处以酷刑，最终完成了历史巨著《史记》，为后人留下了宝贵的历史资料……但是他们都青史留名，被人们所铭记，一则是因为他们的成就和贡献，二则也是因为他们对待厄运绝不屈服的顽强毅力和精神。由此可见，每个人都有机会成为英雄，重要的是对待人生瓦砾的态度。

作为一个重度残疾的人，马斯特从未放弃对人生的追求和渴望，最终他不但成为科罗拉多州的副州长，还进入了国会。

曾经，马斯特是一个年轻英俊、身强体壮的小伙子。然而，有一次他骑着摩托车在公路上风驰电掣的时候，突然遭遇车祸，导致全身体表面积至少70%严重烧伤。等他从鬼门关又回到人世间时，距离发生车祸已经过去了好几天。他刚刚恢复意识，就知道自己伤势严重。因为他甚至不能呼吸，每一次呼吸都伴随着钻心的疼痛，更别说移动身体的任何部位了。然而，他不想死，人生多么美好，他还没有享受人生，更没有实现自己的理想呢！为此，他坚定不移地想要活着，正是在如此坚强意念的支撑下，他熬过了那难以忍受的漫长疼痛。最终，他战胜了灾难，重新站立起来，获得了新生。

然而，命运总是残酷的。正当恢复健康的马斯特满怀希望地准备投入新生活时，他再次遭遇了不幸。因为飞机失事，马斯特腰部以下彻底失去知觉，他瘫痪了，下半生不得不在轮椅上度过。此时此刻，马斯特简直痛不欲生，也觉得委屈万分：为何命运偏偏要接二连三地与我作对呢？然而哭过之后，他很快恢复平静，还是坚定不移地想要活着，因为只有活着，一切才有希望。

就这样，重度残疾的马斯特凭借自己顽强不屈的意志，再次活跃在人生的舞台上，很快跻身于美国最活跃的成功人士之列。最终，他彻底战胜灾难，获得了成功的人生。在一次演讲时，马斯特感慨万千地和听众们分享："如果没有这些苦难和不幸，我不可能像现在这样深刻感受到人生的喜悦，获得成功的人生。"

马斯特是一个站在人生废墟上的英雄，他不止一次在遭遇命运的致命打击后重建自己的人生，尽管哭过痛过，他却从未放弃过对于人生的追求和渴望。正是他的顽强不屈和坚强信念，才使他最终彻底降服命运，拥有了成功的人生。

从某种意义上来说，人生就像是一所苛刻残酷的大学，每个人都从这所大学里得到自己独特的课程，能否毕业，成为优秀的毕业生，取决于我们的努力程度和心态。除了我们自己，没有人能够代替我们从人生的大学里毕业。一个能够战胜灾难和不幸的人，就是成功的，不管他是否做出伟大的成就，也不管他能否获得广泛意义上的成功，他已经是自己的英雄，也是自己的史诗。古人云，天将降大任于斯人也，必先苦其心志，劳其筋骨，饿其体肤，空乏其身……也许这些灾难恰恰是命运对于我们的磨砺，也是促进我们不断成长和进步的激励。

和马斯特相比，我们的人生无疑幸运得多。因而我们完全没有理由抱怨命运，更不应该在小小的灾难面前就束手就擒。我们唯有让自己的内心变得更加坚强，坦然迎接命运的馈赠和挑战，才能真正成长为人生的强者，获得人生丰厚的回报。

凤凰涅槃，人生要经历磨难才能绽放

人生就像是一个不知名的水果，在没有真正去品尝它之前，我们永远也不知道它是先苦后甜，还是先甜后苦。就像生活中当有人遭遇突如其来的灾祸时，人们总是说，大难不死，必有后福。因此，我们永远不要因为遭遇磨难就彻底放弃对人生的希求和渴望，也不要因为吃了太多的苦，就忘记人生甜蜜的滋味。

提起苦难，大多数人都避之不及，尤其是涉世未深的年轻人，更加害怕面对苦难。的确，苦难只会给人带来痛苦，也会让人生充满苦涩。但是只有真正经历过苦难的人才知道，苦难并非只有负面消极的作用，如果我们以一颗坚强的心面对苦难，最终也许能够在苦难之中凤凰涅槃，让我们的人生浴火重生。

从生命呱呱坠地开始，我们就注定要面对人生的磨难，除了当人生的逃兵以外，任何人都只能承受。既然不管是被动地承受苦难，还是主动地迎接和面对挑战，都无法摆脱苦难，我们何不主动面对挑战呢？这样一来，我们至少能够从苦难中汲取力量，积累人生经验，最终把吃苦当成是人生通往成功的必经之路。正如人们常说的，吃得苦中苦，方为人上人。也如同人们常说的，如果世界上没有丑，也就无所谓美。同样的道理，如果这个世界上没有苦，也就无所谓甜。自古以来，关于成功的人历经苦难的事例数不胜数，我们也不难从中得出一个结论，唯有经历苦难，才能迎来人生的柳暗花明，也才能使人生苦尽甘来。

自古以来，不管是锥刺股的苏秦，还是头悬梁的孙敬，无一不是穷苦人家出来的苦孩子。也因此他们都比那些纨绔子弟、富贵公子更能吃苦。正是凭着这股能吃苦且不认输的毅力，他们才能创造出辉煌精彩的人生。其实，不仅人类社会如此，就连动物也深知其中的道理，因而很多动物的生存智慧非常值得我们学习。

母长颈鹿在生出小鹿之后，并不像很多动物那样马上伸出舌头帮助孩子舔干净身上的脏污，而是马上低头确认小鹿的位置，然后抬起强健有力的腿，踢向刚刚出生的小鹿，使其从四脚着地翻过来，变成四脚朝天，仰面向上。此时此刻，假如小鹿不抓紧时间马上站起身来，鹿妈妈就会不停地踢小鹿，直到它站起来为止。

此时，刚刚出生的小鹿还有些迷糊，根本不知道发生了什么事情，但是它很快就意识到如果它不赶快站起来，就会继续遭受打击。为此，小鹿挣扎着刚刚脱离母体的虚弱身体，努力站起来，面对妈妈。也许有人会觉得鹿妈妈很残忍，但动物学家经过研究发现，鹿妈妈这么做正是为了小鹿好，是爱小鹿的表现。假如鹿妈妈不忍如此对待小鹿，那么出生在恶劣的自然环境中的小鹿也许很快就会因为无法站立、无法快速奔跑而面临灭顶之灾。对于小鹿而言，只有出生时经历妈妈这样残忍的对待，它们未来才能更好地在丛林里生活，也不至于在面对危险时无计可施。

面对鹿妈妈的残忍对待，小鹿只能坚强地站起来。也许它当时不能理解妈妈的苦心，但是在未来的生存中它一定会感谢妈妈给它吃的苦头，也许这些苦头还能救它的性命呢！其实，先苦后甜的道理不管是在植物界、动物界还是在人类世界，都是适用的。

如果非要打个比方，那么苦难就像是一颗外面苦涩里面甘甜的果实，当我们品尝完外面的苦涩之后，就能品味到里面的甘甜。因而，当遭遇命运的坎坷和挫折时，千万不要因为一时心急就抱怨，唯有坦然面对和接纳苦难，作出积极的应对，才能让我们的人生苦尽甘来，柳暗花明。

熬过去，你就是人生的强者

很多人对于人生有着美好的规划，也付出了极大的努力，但是最终却一无所成，在失败和沉沦中庸庸碌碌。其实，这些人并非是因为能力不足才与成功失之交臂，只是因为缺乏坚持的精神，最终在应该坚持的时候选择了放弃，从而导致与成功擦肩而过，错失良机。

也许有人认为坚持就是止步不前，是停滞，实际上在人生的某些特殊时期，坚持就是进取。人们常说人生如同逆水行舟不进则退，那么在艰难的处境里如果能够坚持下去，不抛弃不放弃也不退缩，则坚持就是拓进，更是一种面对困难绝不屈服和放弃的毅力和坚韧。古今中外，没有任何一个成功者不是经历了坎坷的逆境，始终坚持不懈，最终才获得成功的。

记得曾经有位记者采访百岁老人，问老人人生百岁的感触和经验是什么。老人只说了一个字——熬。这个熬字，无疑道出了人生的真谛。的确，老人曾经是旧社会的小媳妇，遭受了无数的苦难，后来又经历了八年抗日战争，几次死里逃生，最后才迎来了新社会，却已经人到暮年，很多事情都身不由已。即便如此，她依然熬过了人生百岁，成为了当之无愧的世纪老人和老寿星。熬过去，你就是人生的强者，此刻的一切艰难坎坷都会成为过眼烟云，人生也会进入顺遂的境地。

作为美国标准石油公司的大老板，洛克菲勒在获得成功之前，只是石油公司的小职员。当时，他刚刚进入石油公司，因为学历不高，也没有工作经验，所以只能从事最简单的工作——巡视并且确保储油罐盖已经自动焊接好。这个工作不但没有任何技术含量，而且非常枯燥，洛克菲勒每天必须不停地走来走去，盯着滴向储油罐盖的焊接滴剂。由于每天都要成百上千次地重复这项乏味的工作，他简直觉得自己的眼睛都快磨出老茧了。换作别人，也许早就辞掉这份工作了，或者就一直在储油罐旁孤独终老，无聊至死。然而，洛克菲勒却从这项乏味的工作中发现了契机，并且由此掀开了人生的新篇章，最终成为举世闻名的世界富豪，也成就了自己辉煌灿烂的人生。

原来，洛克菲勒无意间发现储油罐每旋转一圈，焊接滴剂会低落39滴。如此一来，焊接工作也就完成了。在有了这个发现之后，他始终在琢磨，假如能够在确保焊接成功的情况下，把焊接滴剂减少一两滴，岂不是积少成多？日积月累，一定能够极大地降低成本。当有人得知他的想法后，不由得对他的想法嗤之以鼻，认为这个问题根本没有意义，也不可能形成大的价值。洛克菲勒没有放弃，而是继续坚持观察，深入研究，最终他成功研制出35、36、37滴型焊接机，但是因为不能成功焊接，导致出现漏油情况，不得不以失败而告终。尽管没有得到任何人的支持，洛克菲勒依然排除万难，继续开始研究38滴型焊接机。这一次，他大获成功，这个机器很快投入生产，尽管每次只能节省一滴滴剂，最终却成功为石油公司节约了成本，使每年的利润增加了上亿美元。

正是凭借着坚持不懈的精神，洛克菲勒在遭遇失败的情况下也坚持着，最终熬来了成功，也获得了辉煌的人生。

对于这样一份枯燥乏味且毫无技术可言的低端工作，洛克菲勒却认真对待，坚持不懈，最终才会有常人没有的发现，也由此打开了人生的新天地。任何时候，命运都掌握在我们手中，即便是在最艰难的时刻，接连遭遇失败的打击，洛克菲勒也从未放弃努力。假如我们也能拥有他这样的坚持精神，人生一定会变得与众不同。

毋庸置疑，人人都希望人生顺遂，一帆风顺。然而命运偏偏喜欢捉弄人，在这个世界上，几乎每个人都有独属于自己的烦恼，也有不得不面对的人生困惑。虽然我们无法选择自己的命运，但是我们可以尽力改变命运。也许今日的苦难，就能帮助我们获得明日的辉煌，当然前提条件是我们必须能够坚持，坚持，再坚持，任何时候都决不放弃，坚持与命运的不屈抗争，作出反抗。

人人都想成为人生的强者，拥有成功的人生，方法其实很简单。当人生陷入困境或者看似处于绝境之中时，不要退缩也不要怯懦，熬过去，你就能够成为人生的赢家。朋友们，你们准备好了吗？

半途而废的人，永远也无法获得成功

在遭遇人生困境的时候，如果是轻易能够解决的问题还好，如果是棘手的、难以解决的问题，就会让很多人的人生形成分水岭。能够面对困难、迎难而上的人，最终会成为人生的强者，拥有成功的人生；在困难面前胆怯畏缩、始终无法迎接困难挑战的人，则会变得越来越怯懦，导致人生也随之变得黯淡无光，与成功绝缘。还有些人也许有勇气开始，也的确拥有了好的开端，但是最终却因为突如其来的灾难或者打击，导致半途而废。显而易见，这样的人生也是不可能成功的。

所有成功者都有一个共同点，即永不放弃。即便是再简单的事情，也不管前期已经付出了多少、拥有怎样的开端，半途的放弃都会导致彻底的失败，如此长期下去还会使人们的自信心受到严重打击，从而产生挫败感。

实际上，坚持做下去的积极意义不仅在于事情的维持和继续，还在于坚持的过程中我们的信念得到极大增强，我们的人生也会由此进入良性循环之中。一个人如果拥有从不轻易放弃的开始，就能够迈出人生成功的第一步，也使整个人生拥有了良好的开端。在某一年的中考试卷上，作文题就是一组漫画。画面上，一个人挖了好几口井，但是每口井都半途而废，甚至有一口井眼看着再挖几锹土就能出水了，但是他依然放弃了。放在现实中，这无疑是因为不够坚持而与成功失之交臂的典范。这一组漫画也给了人们极大的启示：不管是对于学习还是人生，我们都必须拥有坚持不懈的顽强毅力，才能得到好的结果。

晋朝时期，王羲之在书法艺术上成就斐然，因而青史留名。当时的人们尊称他为“书圣”，由此可见他在书法上的造诣很深。从七岁开始，王羲之正式练习书法，因为勤奋刻苦，他很快就取得了长足的进步。随着对书法的研究日渐精进，他对书法也越来越痴迷，整日都专心致志地练习书法，废寝忘食，食不知味。不管是走路的时候，还是吃饭的时候，他都一心琢磨书法，有的时候入神了，还会情不自禁地用手在身上比划。日久天长，他的衣服都被磨破了。

等到十七岁时，王羲之在书法上已经有了一定的成就。此时，他已经不满足于自己的成绩，而是偷偷地把父亲收藏的书法论著拿出来看，然后根据自己的心得体会继续练习。王羲之每次都在一个池塘边练字，从早晨到黄昏，他每天都坚持不懈，持之以恒。时间久了，他不知道用坏了多少只毛笔，也不知道用光了多少墨汁。因为总是在池塘里清洗毛笔，他居然把整个池塘都染黑了。正是因为有着如此坚持不懈的精神，王羲之才能成为一代书圣，青史留名。

澳洲的尼克·胡哲一生下来就是“海豹肢症”，即没有四肢，这在医学领域非常罕见。当大家都在为命运悲惨的尼克·胡哲担忧不已时，他却凭借着顽强的毅力和坚韧不拔的精神，不但做到生活完全自理，还能够骑马、游泳、打球。总而言之，正常人能做的事情，几乎都难不倒他。如今的尼克·胡哲不但成为了大名鼎鼎的演说家，而且成功获取了大学学位，还是企业的老总。2005年，因为他传奇的人生经历和顽强不屈的精神，他被评选为“杰出澳洲青年奖”。

当然，面对自己残缺的身体，尼克·胡哲并非一直勇往直前，在十岁那年，他曾经三次想要跳河自杀，均以失败告终。直到十七岁那年，他发现自己具有演说的天赋，因而决定成为一名演说家。在被52所学校拒绝之后，他没有放弃，最终得到了第53家学校的邀请，最终得到机会进行人生中的第一次演讲。因而他在此后的演讲中无数次告诉听众：“假如一个人跌倒了，唯一的办法就是站起来。当然，即使我尝试一百次都无法站起来，我也不会承认自己是个失败者。我不会放弃，永不放弃，因为我只要坚持不懈，依然可以站起来。”说完这段精彩绝伦的话，尼克·胡哲开始把整个身体趴在讲台上，用头顶着讲台，向听众展示自己艰难站起来的过程。就这样，尼克用自己的切身经历，告诉人们正常人能够做到的他也都能做到。这坚强的背后，是无数次的坚持坚持再坚持，一直在帮助尼克战胜人生的困境。正是这“永不放弃”的精神，带领尼克走过了人生的坎坷和泥泞，使他获得了精彩的人生。

在上述两个事例中，王羲之之所以能够成为书圣，在书法艺术上获得极高的造诣，就是因为他坚持不懈地练习写字，甚至因为涮笔把池塘里的水都染黑了。第二个事例中的尼克·胡哲更加值得我们每一个人钦佩，面对重度身体残疾，他从未放弃努力，而是始终坚持不懈，像正常人一样生活。为了完成一个简单的小动作，他也许需要付出超出常人数倍的努力，但是他从不退缩，更不怯懦，而是就这样坚持坚持再坚持，即便失败一百次，也依然勇往直前，毫不畏惧。

在人生之中，很多时候我们距离成功只有一步之遥，也许我们经历了很多坎坷挫折，直到放弃之后才发现自己功亏一篑，只要再坚持往前一小步，就能如愿以偿地获得成功。这样与成功失之交臂，无疑会让我们的人生承受遗憾，导致我们的自信心也受到严重打击。如此一来，人生就会陷入恶性循环之中。真正人生的强者，不管遇到怎样艰难坎坷的境遇，都会坚持不懈、持之以恒。唯有坚持，才能让我们走出逆境，最终得到命运的青睐，顺利获得成功。

站在失败的阶梯上，你的人生更有资本

在漫长的一生之中，有谁不曾感受过失败的滋味呢？可以说，每个人在人生之中都不可能一帆风顺，更不可能永远得到成功的青睐。在大多数情

况下，人们总会遭遇失败，也难以避免会承受失败的打击。在失败面前，有些人退缩了，为了避免失败甚至裹足不前，不敢再继续接受命运的挑战。这些人注定会永远停留在失败的时刻，甚至导致人生成为定局。相比之下，那些能够从失败之中汲取经验和教训，并且以失败为阶梯不断获得进步的人，才能得到成功的青睐，真正收获成功的人生。

在海明威的《老人与海》中，老人桑蒂亚戈先是降服了大马哈鱼，又与鲨鱼不断搏斗，最终虽然只把大马哈鱼的骨架子拉回海边，但是他真正战胜了自己。正如他所说的，一个人也许会被毁灭，但就是不能被打败。如此顽强不屈的精神，才使他一直不肯屈服，始终斗争不止。

当然，我们在生活中也一定会遇到很多艰难坎坷，甚至遭遇看似无法逾越的困境，导致失败。然而，人永远不会因为失败一次，就导致人生始终处于失败之中。所以，我们更要学会坦然面对和接纳失败，从失败中汲取经验和教训，把失败当成是人生进步的垫脚石，如此才能踩着失败不断向上攀登，最终为人生积累更多的资本，也帮助人生获得真正的成功。

生活中，有很多人输不起，其实并非因为他们能力不足，或者没有勇气承担失败。在大多数情况下，他们之所以逃避，是害怕失败损伤自己的面子。其实，人生的苦乐甘甜都是冷暖自知的，如果为了面子错失机遇，也就失去了进步的机会，则得不偿失。人生真正的强者，不但能够获得成功，更能够坦然面对和接纳失败。每个人的彪悍人生都是不断历练出来的，我们只有成为永不认输的人，才能最大限度激发出自身的潜能，让自己从失败的废墟中站立起来，继续勇往直前。从这个意义上来说，面对失败比享受成功难得太多，假如我们能够做到坦然迎接失败，又何惧不能成功呢！

贺西哈作为美国的股票大王，声名远播，人尽皆知。他的一句名言给予了无数人深刻的启示，也是他数年来辛苦奋斗的心得和体会。他说："别问我能赢得多少，而要知道我承担多少损失。"

贺西哈从17岁开始创业，靠着在证券场外当介绍人，在短短的不到一年的时间里，就把自己的身家从255美元，变成了16.8万美元。为此，他不但提升了自己的生活质量和层次，而且还萌生了投资的想法。在第一次世界大战期间，他因为贪图便宜，买下了龙雷卡瓦纳的钢铁厂，最终因为不了解钢铁的运营，导致上当受骗，巨额财产顷刻间只剩下4000美元。这次损失让贺西哈遭遇了失败，也使他受到深刻教训："对于过分便宜的东西，除非了解内幕且有十足把握，否则千万不要盲目购买。"

尽管几乎失去了所有的身家，但是贺西哈并没有因此而沉沦。他坦然接受了自己的失败，从深刻的教训中汲取经验，也帮助自己捋清思路。很快，他就重整旗鼓，回归了老本行。不过这次他并没有继续在证券场外当介绍人，而是做起了股票生意。当时，股票生意还不够规范，也没有被列入证券交易所中进行买卖。为了降低风险，同时增强自己的实力，他先是与别人合伙经营，等到资金充足之后，马上开办了自己的证券公司。因为承担了很多股票掮客的经纪人责任，他生意火爆，月收入居然高达20万美元。他的财富越来越多，人生也获得了成功。

1936年，因为得到地质学家朋友的信息，贺西哈决定跟随"淘金热"，也投资试采了一家废弃的金矿。他的冒险精神换来了丰厚的回报，他们只用了短短几个月的时间，就开采到了金矿，这个金矿距离原来废弃的矿坑只有25英尺。从此之后，贺西哈坐拥每年250万美元的收益，1936年也成为他最疯狂最冒险也最发财的一年。

贺西哈之所以能够获得成功，是因为他在严重的失败面前勇于承认，也勇于承担相应的责任，并且积极努力地从失败中汲取经验和教训，从而使自己的人生踩着失败的阶梯不断向上，最终达到了人生的巅峰。倘若他在失败面前一蹶不振，或者拒绝从失败中汲取经验和教训，那么他也就不可能拥有成功的人生。

其实，并非只有英雄永不言败，越是作为人生的失败者，我们越是应该鼓起勇气，越挫越勇，这样才能帮助自己不断从失败中站起来，以新的起点奋进。每个人都会遭遇失败，只有摔倒了善于爬起来的强者，才能再接再厉，永不停下向前的脚步。

从某种意义上来说，适当认输是为了保存自身的实力。美国有位著名的拳王曾经说过，没有任何一个拳手能够打遍天下无敌手，唯有在适当的时机选择认输，才能帮助他保存体力，从而再接再厉，获得更多的胜利。人生不能逞强，只有适当认输，从失败中汲取宝贵的经验教训，我们才能不断提升和超越自己，从而帮助自己赢得最终的人生。

第10章
打造强大内心，自信让一切皆有可能

人人皆知，唯有拥有强大的内心，我们才能顺利渡过人生的坎坷磨难，从而使自己拥有成功的人生。然而，强大的内心并非轻易就能获得，除了要有面对灾难的坚强之外，还要有面对诱惑的淡定从容，面对挑战的镇定自若，面对成功的波澜不惊……总而言之，内心强大的人有着自信的气定神闲，不管人生是风雨还是晴朗，都始终能够保持宠辱不惊的内心，能屈能伸，从容淡定。

相信自己，才有可能获得成功的人生

要想获得成功，人们必须具备很多方面的因素，其中，自信是成功的基石，也是一切成功必不可少的条件。你可曾看过一个胆小怯懦、自卑畏缩的人获得成功？只怕机会摆在这样的人面前，他们也很难抓住。只有自信的人，才能做到勇敢果断地抓住机会，改变自己的人生。

站在自信的人生基石上，我们会变得底气十足，也能够更加具有向上的动力。正如秦末农民起义军的首领陈胜所说的，王侯将相宁有种乎？大多数出身卑微的人也许会因为起点太低，觉得自己处处不如别人；尤其是在那些自以为是的富二代、官二代面前，他们更觉得低人一等。其实，这是完全没有必要的。只要我们足够努力，起点的高低并不能决定我们人生的成就。陈胜之所以最终成功带领起义，并非只是偶然，他早在当雇农的时候，就说“燕雀安知鸿鹄之志哉”，由此表现出他对人生的野心勃勃。

人们常说，天生我材必有用。的确，每个人来到这个世界上，也许很多方面都远远落后于人，但是一定有着自己的可取之处。我们唯有发现自身的优点和长处，不再妄自菲薄，才能够信心十足地掀开人生的篇章。

1951年，英国科学家弗兰克林拍摄了一张关于DNA的X射线衍射照片。照片非常清晰，能够看到DNA的双螺旋结构。弗兰克林为此兴奋不已，当即展开了研讨会，主题就是DNA双螺旋结构。这个重大发现让整个学术界都为之震惊，弗兰克林在研讨会结束后也继续深入钻研，想要得到更加突破性的成功。然而，随着研究的不断推进，弗兰克林非但没有逐步验证自己的发现，反而越来越怀疑自己，最终他全盘否定了自己此前的观点，也放弃了对DNA双螺旋结构的研究。

1953年，没有任何名气的克里克和沃森也通过照片发现了DNA的分子结构，他们没有因为弗兰克林此前的失败就止步不前，而是坚持自己的发现，并且齐心协力进行更加深入的研究。很快，他们也正式提出了对于DNA双螺旋结构的设想。他们信心十足，而且从始至终没有丝毫的动摇。就这样，他们成为了真正发现DNA双螺旋结构的人，并且因此青史留名。他们的发现对于整个人类世界都影响深远，不但为医学界解决很多难以攻克的医学难题提供了可能性，并且推动了医学的进步。1962年，他们因为这个重大发现获得了诺贝尔医学奖，从此在医学史上留下了璀璨的一笔。

一切科学研究，最初的时候都以假设的形式出现，然后在人们的深入研究中得到确认。纵观古今中外，不乏有人像弗兰克林一样对于自己的观点毫无信心，最终不得不选择放弃，因而平庸地度过一生。相反，也有凤毛麟角能够坚持自己的创见，并且为了证实自己的假设不懈努力。当然，可以想象期间的过程必然是艰难的，人们必须排除万难，坚持不懈，并且靠着充足的信心，才能最终梦想成真。可以说，一切伟大的成就都起源于信心，倘若没有信心，则一切都会半途而废，戛然而止。尽管我们只是普通而又平凡的人，人生的道理却是相同的，我们也必须有信心，才能迎接人生的挑战，获得伟大的成就，实现人生的成功。

作为著名的成功学大学，卡耐基一直非常重视信心对人的影响。他曾说过，他最想要留给子女的财产就是自信和勇气，而不是所谓的金钱。朋友们，从现在开始就让我们相信自己，并且为了自信付出加倍的努力吧！自信不但是我们成功的奠基石，也是促使我们展开切实行动的促动力。只有行走在路上，我们才能发现前面更加美好震撼的风景。

失败只是人生中的体验，而不是人生的噩梦

在这个世界上，总有人显得非常消极，对任何事情都提不起兴致来，也缺乏必要的自信，因而他们的人生暗淡无光，也毫无希望可言。他们为什么会这样呢？拥有如此可贵的生命，任何人不都应该心怀感恩，对生命满怀激情吗？实际上，这些人的颓废沮丧，都是因为失败导致的。

有些人承受失败打击的能力很弱，也许只是一次小小的失败，就会让他们在很长时间内自信心受损，无法恢复自信。若是接连遭受失败的打击，他们甚至会对人生失去希望，因而总是消极沮丧，无聊乏味。其实，这主要是因为他们对待失败的态度不够端正。他们一旦遭遇失败，就开始抱怨命运的不公平，也抱怨人生，甚至还会抱怨父母和自己身边的人。殊不知，抱怨只会让人更加消极地对待问题，根本无法让人们鼓起信心和勇气。此外，还有些人一旦失败就会认为是自己能力不足导致的，由此给自己贴上负面标签，也不再发奋努力。总而言之，这些人面对失败的心态都很消极，所以才会让失败的挫败感不断强化，最终使人生定格在失败的态势中。

实际上，对于任何人而言，一次失败不会导致人生定格于失败，也不会导致人生永远与成功绝缘。一次失败并不意味着什么，对于积极的人而言，这也许就是一次自我的反省和升华。积极的人从失败中看到生机，也从失败中发现机遇。很多时候，当我们努力从失败中汲取经验和教训之后，人生反而柳暗花明又一村，也彻底摆脱厄运。从人生体验的角度而言，失败只是一次人生的体验。众所周知，对于人生不经历也就不成经验，经历和体验的越多，也就意味着人们获得的人生经验更加丰富。所以说，失败是成功之母，也是我们打开成功大门的钥匙。

1864年9月3日，原本风平浪静、寂静无声的斯德哥尔摩市郊，突然接

连发出巨大的响声，随后还有浓重的黑烟伴随着肆虐的火苗涌上天空。在短短的几分钟时间里，这场惨祸就带来了严重的后果，有五个人在这场灾祸中丧生。

等到心有余悸的人们赶到现场时，发现有个三十多岁的年轻人面色惨白，浑身瑟瑟发抖，正失神地站在火场旁。他似乎还没有从刚才的灾难中缓过神来，因而整个人心神涣散，一时之间无法说出连贯的话语。他，就是后来举世闻名的化学家诺贝尔。

在这场突如其来的灾祸中，诺贝尔一手创建的硝化甘油炸药实验室随着熊熊火光，变成了一片废墟，无数的实验器材也燃烧成灰烬。直到人们冒着浓烟从废墟中找出五具尸体时，诺贝尔才悲痛欲绝地得知这场灾祸带走了他的四名助手，还有他正在读大学的弟弟。他们的尸体已经被烧焦，看起来惨不忍睹，得知噩耗的诺贝尔母亲，简直恨不得随着小儿子一起去了。诺贝尔父亲因为突然遭受如此沉重打击，也突发脑溢血，从此之后瘫痪在床，无法自主行走。不得不说，对于幸存的诺贝尔而言，这个打击更是沉重且致命的。

闻讯赶来的警察马上将事故现场严密封锁，而且严令禁止诺贝尔继续重整实验工厂。人们也因此得知诺贝尔从事的是危险的实验，所以根本没人愿意继续出租土地或者房子给诺贝尔作实验研究之用。这沉重的打击，再加上重要的阻碍，并没有使诺贝尔动摇自己进行科学研究的决心。才过去几天的时间，人们就在远郊区的马拉伦湖上看到了诺贝尔的身影。原来，诺贝尔把自己的实验室搬到了一艘平底驳船上，从而有效避免给人们带来危害。如此不顾生命安危一心在科学道路上奋力前行的勇气，让诺贝尔在进行过无数次危险的实验之后，发明了雷管。此后，他在世界上的好几个地方建立了炸药公司，他的炸药公司生产的炸药得到了全世界的认可，也给他带来了巨大的财富。

然而，失败并没有从此远离诺贝尔。不管任何时候，他都没有因为失败而放弃努力，更没有半途而废地终止自己的事业。最终，坚强的诺贝尔在无数次失败中成就了辉煌的人生，也得以被永久载入史册。如今，诺贝尔奖已经成为诸多科学家毕生都在追求的奖项，也代表着人们在不断追求、无畏困难的路上获得的最大成就和最佳奖赏。可以说，诺贝尔无畏失败、追求科学成功的精神，已经成为了一种象征，必将永世流传下去。

如果没有从失败中站起来汲取经验和教训的不屈精神，诺贝尔不会获得如此伟大的成就，世界上也就少了一个伟大的科学家。如果人生会被失败定格，诺贝尔一定无法取得后来的所有成就，因为惨痛的教训会将他彻底打垮。但是诺贝尔没有被打败，面对失去弟弟和助手的悲痛，面对有可能失去生命的危险，他始终勇往直前，决不放弃。

失败是成功之母，尽管我们只是普通人，但是我们的人生也会常常遭受失败的打击。就让我们从现在开始鼓足勇气面对失败吧，我们只有踩着失败的废墟站起来，继续在人生的路上勇往直前，才能最终到达人生的彼岸，获得成功的人生。

积极的自我暗示，让你更加从容自信

在现实生活中，自信的好处不言而喻。尤其是在时而风平浪静、时而狂风骤雨的人生面前，拥有自信能够帮助我们增强承受力，也使我们的内心世界更加坚强。著名心理学家马斯洛对于自信也给予了至高无上的评价。马斯洛认为，自信的人更加宽容，他们能够接受他人的不完美，就像接受大自然的各种特点，并且对此毫不怀疑，全盘接受。这样的宽容和善，也是自信给予人们的馈赠。

毋庸置疑，不够自信会给人带来很多负面影响，诸如总是喜欢推脱责任，在需要承担或者面对挑战时也不断地退缩，与人相处时更是胆小慎微、敏感多疑。如此一来，导致自卑者不但事业发展受到阻碍，日常生活也会遭遇重重艰难险阻，与人相处也必然产生障碍。

心理学家经过研究发现，很多人之所以不够自信，就是自信的天敌自卑导致的。自卑的人时时刻刻否定和怀疑自己，这就像是在扼杀自己的精神和意志，算得上一种形而上的自杀。此外，胆小慎微的人也缺乏自信，他们总是过度思虑，一旦出现需要承担责任的局面，就会马上退缩不前，恨不得逃得远远的。这些人都有一个共同点，那就是很消极，缺乏积极乐观的导向，因而容易变得颓废沮丧。

想要改变自身的消极状态，最好的办法就是进行积极的自我暗示。比如有些成功学励志大师会要求学员们不遗余力地嘶喊："我很棒，我很棒，我很棒！"尽管很多人都觉得这样的形式显得很可笑，但是不可否认，形式上如果能够到达一定程度的努力，心理上也会发生相应的改变。尤其是在遇到困境时，积极的自我暗示和消极的自我暗示更会产生天壤之别，也会给事情的结果带来巨大的差异。

作为美国纽约第53任州长，罗杰·罗尔斯也是纽约有史以来的第一位黑人州长。

小时候，罗杰·罗尔斯生活在纽约著名的贫民窟——大沙头贫民窟。那里的环境很差，人人都习惯以拳头说话，动辄就打架斗殴，因而成为了无家可归的流浪汉和偷渡者的天堂。很多孩子从小在那里长大，都受到了严重的负面影响，成人之后也成为社会的渣子，不是打架斗殴，就是吸毒，总而言之，几乎很少有孩子长大之后能获得正常体面的人生。但是，罗杰·罗尔斯做到了，他从大沙头贫民窟长大，走出来，最终成功考入大学，后来成为了州长。

在罗杰·罗尔斯就任州长之后举行的记者招待会上，很多记者都提出了共同的问题，他们都想知道罗杰·罗尔斯是如何当上州长的。对此，罗尔斯并没有过多地讲述自己个人的奋斗史，而是提起了自己小学时期的校长——皮尔·保罗。

原来，罗杰·罗尔斯小时候就读的小学校风很差，时值美国正流行嬉皮士，所以学校里的大多数孩子都非常颓废，整日无所事事，人生也毫无目标可言。皮尔·保罗校长来到这个学校后，不由得为此焦急不已。尤其是看到孩子们整日打架斗殴，甚至对旷课也习以为常时，就决定要想出一个好办法引导孩子们认真对待人生，努力学习。经过和孩子们的一番相处之后，皮尔·保罗校长发现孩子们普遍都很迷信，因而他灵机一动，想出了一个好计谋。每当给孩子们上课时，他就大肆宣扬自己的看手相技术非常高超，而且每一个经他看过手相的人长大之后都很有出息，或者发财了，或者成为州长、议员，总而言之绝不平庸。为此，孩子们都争抢着让校长看手相，罗杰·罗尔斯也不例外。尽管罗杰·罗尔斯现在无法详细回忆起当时的情形，但是他很清楚地记得当时学生之间流传的一句话："手相先生进屋，个个都是贵人。"毫无疑问，他也让校长看手相了，而且在校长的生动描绘下，开始对人生充满希望和憧憬。正是在这个信念的支撑下，他才走过了人生的艰难坎坷，最终成为州长，也彻底改变了没有黑人担任纽约州长的历史。

从上述事例中我们当然能够知道，罗杰·罗尔斯的命运并不是因为被校长看过了手相才出现了转机，令他赢得了如此辉煌的人生的。问题的本质在于，他从校长的描述中获得了积极的心理暗示，因而能够对人生产生无限的憧憬和深刻的渴盼，从而最终获得成功。

暗示不管是来自他人，还是来自我们自身，积极的心理暗示都能起到良好的作用。因而在日常生活中，我们不管遇到多么糟糕的情况，都应该积极地暗示自己，从而帮助自己得到发自内心的力量。曾经，有个工人在冷冻厂工作，因为同事的疏忽，导致他被锁在巨大的冷冻柜中。他害怕极了，很快就觉得浑身寒冷彻骨，等到第二天同事们打开冰柜门的时候，他已经活活冻死了。经过法医鉴定，他的一切死亡症状都和低温冷冻致死完全相符；但是最让人惊讶的是，这个冷柜当天晚上并没有通电。最终，心理学家作出论断，这个人并非真的是被冻死的，而是死于心中的恐惧和因为恐惧而生的消极的自我暗示。由此可见，消极的自我暗示具有多么大的负面力量。所以朋友们，假如你们也想成为人生的强者，超越人生的艰难困苦，获得积极的人生，那么就从现在开始对自己多多进行积极的心理暗示吧！只要坚持这么做下去，你们的人生一定会改头换面，变得截然不同！

学会平衡自己，才能淡然面对人生

在现实生活中，很多人都存在心理失衡的状态，因此他们对于自己的生活和事业，对于身边的诸多人，都无法感到满意，也由此抱怨连天。从心理学的角度而言，心理失衡指的是人们的心理状态不再和谐平静，因而导致理想、情感和行为也陷入冲突的状态之中。因为每个人的脾气秉性和各种观念都不相同，所以每个人的心理失衡也会有截然不同的表现。诸如有人心理失衡只是导致心情郁郁寡欢，也许因为本身性格的内敛，他们并不会做出过激的事情，这一点类似于我们日常生活中所说的生闷气；再如，有些脾气性格暴躁的人一旦心理失衡，就会马上表现出来，丝毫不加以掩饰，不过他们就像炮仗，炸完了也就完了，不会有后遗症，这种人属于心直口快的；还有些人因为严重的心理失衡，也由于心理阴暗面比较多，因而导致自己在冲动之中做出不可饶恕的罪行，最终酿成大错，他们之中有人伤害他人发泄痛苦，有人选择以极端手段结束自己的生命，总而言之都是过激的发泄手段。

总而言之，心理失衡的表现是多种多样的，因人而异，也因为引发的事端不同导致人们有截然不同的表现。

在通常情况下，使人们心理失衡的原因大概可以分为客观原因和主观原因。所谓客观原因，即种种来自于外界的压力，诸如愿望得不到满足，工作上得不到重用，或者遭遇了他人的误会和曲解，或者身体不适等，都会导致人们心理失衡。相比之下，主观原因则是因为人们的心态不端正，或者受到欲望的驱使和奴役，或者喜欢嫉妒他人，这些也都会引发心理失衡。主观导致的心理失衡更像是自寻烦恼，只要摆正心态，这些烦恼就会消失。

心理学家经过研究发现，人们内心的渴望很难在生活中得到完全实现，也就是说，人们不可能完全顺心如意。在这种情况下，要想避免心理失衡，就必须摆正心态，才能使自身的情绪保持平静，也才能自然而然地达到心理平衡。还有些人把趋利避害的本性发挥到极致，遇到问题的时候总是喜欢推脱责任，恨不得摆脱一切不利因素，如果是对自己有利的则趋之若鹜。其实，这也是人的本能。因为人是感性的动物，无法始终保持理智进行冷静的思考。在日常生活中，心理失衡的人总是牢骚满腹，惹人生厌。而能够保持内心平衡的人，也能够保持情绪平静，不但生活和事业都进展顺利，也能拥有成功顺遂的人生。

一直以来，小敏都饱受心理失衡的折磨。原来，小敏的老公是家里的老二，他还有一个哥哥。因而在小敏和老公还没有认识时，她的公婆就在帮大儿子家带孩子。等到小敏的孩子出生时，公婆已经养育大儿子家的孩子十几年了。为此，小敏很想让婆婆来帮助他们带孩子，毕竟他们在大城市生活，没有人带孩子，小敏就无法上班，家里的经济条件也会吃紧。

然而，婆婆对于自己的大孙子很有感情，毕竟是从出生开始就由她亲手带大的，因而总是舍不得离开大孙子。尤其是她的大儿子和媳妇都在外地打工，如果把孩子交给他们，就必须也跟着去外地生活，环境和条件自然没有家里好。思来想去，婆婆还是拒绝了小敏的请求，决定继续把大孙子带大。这样的拒绝，让独自带孩子饱尝辛苦的小敏吃足了苦头，她也因此陷入严重的心理失衡中。每当带孩子感到疲惫不堪时，她就会对下班回家的老公大发脾气，喊道："你是不是你妈亲生的，为什么你妈不愿意帮咱们带孩子，只顾着帮你哥嫂？"刚开始小敏这么说，老公还能勉强忍耐，但是说的次数多了，老公也未免心烦起来，反驳道："你让他们背井离乡怎么来？你要是愿意，可以把孩子送回老家，他们肯定带！"小敏得不到老公的安慰，更加愤愤不平，怒吼："送回老家？去挨你哥哥家闺女、儿子的欺负吗？现在轮也轮到帮咱们带孩子了，你妈生了俩儿子，你可别忘记了。她这样厚此薄彼，总有一天会遭到报应的！"听到小敏口不择言，居然开始说不中听的话，老公也不愿意，为此他们时不时地就要爆发家庭大战。

在最后一次激烈争吵之后，老公疲惫地说："你这样天天揪着这个问题不放，有什么实质性的意义吗？除了让我们吵架伤害感情以外，能解决问题吗？既然你不舍得把孩子送回去，我妈又不愿意过来，那咱们就克服一下。如果你总是这样心理不平衡，最终酿成的恶果只能你自己承受，生气还伤身体呢，值得吗？或者你真的无法接受这样的婆婆，那我也不能换个妈呀，咱们只能离婚，这样你也就不会心里不平衡了。"老公的话给小敏敲响了警钟，是啊，既然婆婆确定不来给他们帮忙带孩子，如此不停地争吵除了破坏夫妻感情，简直没有任何好处。小敏好像突然间想通了，立刻将自己从心理失衡的囚笼中解救出来，从此以后专心致志带孩子，操持家务，与老公的感情也越来越好。

事例中的小敏假如一直想不通，总是因为婆婆不能帮他们而和老公吵架，那么最终不但无法如愿以偿，还有可能破坏夫妻感情，导致家庭破裂。如此一来，没有人帮忙带孩子的小事就变成了家庭支离破碎的大事，可谓得不偿失。幸好老公的一番话让她警醒，也使她彻底放下了这个纠结已久的问题，最终找回了小家庭的幸福和美。

任何关于平衡的选择，都取决于人们内心深处的良知和认知。在生活中，心理不平衡的人总是牢骚满腹，怨声载道，不但给他人带来负能量，也使自己的内心陷入痛苦之中。假如我们能够摆正心态，更多地关注自身的成长，而不要总是盯着他人的付出是否比我们少，或者是否与我们的付出均衡，那么我们就能够从付出中得到快乐，而不是所谓的不满和牢骚。朋友们，从现在开始就跳出心中不平衡的囚牢吧，我们唯有善待自己和他人，宽宥自己和他人，才能使人生充满阳光，也更加从容淡定、大气平和。

打破心牢，才能畅享人生

如果以形象的比喻来形容心灵，则每个人的心灵都像是用篱笆圈起来的地一样，有着自己的边界和止境。在现实生活中，我们常常看到有些人家里的院子就像五颜六色的花园，春光明媚，一片静好，而且非常开阔，无边无界，甚至可以纵横驰骋。相比之下，有些人家的院子则很局促逼仄，花盆里养着瘦弱的花朵，似乎风一吹就会凋零，别说是纵横驰骋了，即便是转个身都稍显困难。这样两种截然不同的花园，你想要哪一个？答案当然是前者。那么对于心中的花园呢，你又想要哪一个？尽管大多数人给出的答案依然是前者，但是真正能够打破心灵的囚牢，让人生纵横驰骋的人，却少之又少，堪称凤毛麟角。大多数人的心灵都是很狭隘的，在大是大非之前，在鸡毛蒜皮的小事面前，很少有人能够真正做到心中毫无樊篱，始终一片开阔。

实际上，很多时候束缚我们的并非客观世界，而是我们内心的樊篱。一个人要想畅享人生，首先应该突破自身心理上的界限，才能更好地面对人生，也积极地拥抱未来。常言道，解铃还须系铃人，任何问题要想得到解决，必须找到最根本的原因，才能彻底解决。也有人经常说，心病还需心药医，更是说明了我们对待人生不能一味地想当然，而要跳脱出内心的局限，才能彻底摆脱心的囚牢。

现代社会，每个人都承受着巨大的压力。生活节奏越来越快，工作压力越来越大，也使得每个人都不得不打起精神来才能应付生活。这样的紧迫感不仅严重影响到成人的生活，很多孩子也因为父母的望子成龙、望女成凤而压力倍增，小小年纪就不得不在各种各样的补习班中疲于奔波，再也找不回无忧无虑的童年。可以说，整个社会中大部分人都面对着画地为牢的局面，而且是在自己的心中画地为牢，这比现实生活中有形的囚牢更加可怕。在这种情况下，我们唯有主动拆除心中的樊篱，才能彻底使自己得到解脱，也才能拥有畅意的人生。

作为一名推销员，本杰明的人生可谓大起大落，起起伏伏。从小，他就生活在单亲家庭，和母亲相依为命，又因为生活的困窘，他总是难以走出人生的阴影。直到长大成人之后，他也依然面对这样局促的生活，根本不知道如何做才能使自己变得充满信心和勇气。

幸运的是，本杰明在学习方面很有天赋，尽管他出生于贫民窟，但是始终奋发向上，努力勤奋，最终毕业于一所不错的大学。对于儿子的现状，母亲也感到非常欣慰，总觉得有出息的儿子总有一天会给她带来荣耀，使她扬眉吐气。然而毕业之后，本杰明找工作的过程并不顺利，历经周折，他也没有如愿以偿进入自己心仪已久的大公司，而是进了一家小工厂当了一名推销员。这恰如他一直以来的身世和境遇，让他觉得很自卑。

有段时间，老总派本杰明去外地推销产品，本杰明在刚刚踏上出差的旅程时，心中就非常忐忑，总觉得人们一定会质疑他们的品牌，也会排斥他们的产品。为此，他心中不停地打鼓。当面对强势的客户非要压低他们的价格时，本杰明几乎不假思索、迫不及待地答应了客户的苛刻要求，甚至还很感激客户愿意信任他们，接受他们的产品。就这样，尽管他签约了好几个单子，但是都几乎没有利润。当看到本杰明拿回来的订单时，老总毫不客气地说："你这样的订单，有还不如没有呢！其实，只要我们的产品质量过硬，客户根本不会计较我们是大厂的产品还是小厂的产品。之所以你的订单价格都被压得这么低，归根结底在于你心中缺乏底气，因而在客户还没有提出条件时你就已经胆怯了。如此一来，你怎么可能签下优质的订单呢！假如你始终这样无法打破心中的囚牢，你还是换工作吧，我觉得你也许并不适合做销售工作。"老总的话给本杰明敲响了警钟，使他意识到是因为自己的胆怯，导致公司的利润被无限挤压。

当再次面对客户时，本杰明打定主意绝不退让。当客户以他们是小厂为借口与他砍价时，他毫不犹豫地说："正因为我们是小厂，没有品牌效应给我们加分，所以我们更加注重提高产品的质量，使得质量过关、过硬，才能得到你们的认可和接纳。尤其是我们的工人，不管寒冬酷暑都尽职尽责，从而保证产品质量稳定，不让客户失望。况且，我们的价格本来就是诚心价，一点儿也不高，是真心诚意想要成交的。我希望你们还是能够慎重考虑，也相信你们慧眼识珠，一定能够看出我们产品的质量多么好！"尽管本杰明是心中打着鼓说出了这番话，但是的确起到了让他意外的效果。客户们不再刻意压低价格，而是很痛快地就与他成交了。从此之后，本杰明怀着一颗自信的心，在销售的道路上越走越远，也越走越好。

事例中的本杰明，之所以第一次推销时被客户压低价格，导致公司几乎没有利润可言，就是因为他对自己的产品缺乏自信，也因自己心中忐忑不安，最终被客户抓住弱点，挤压价格。幸好，老板看透了本杰明的心思，也一针见血地为他指出了问题所在，所以他才能够在再次面对客户时改变策略，主动拆除心中的囚牢，从而自信地面对客户，最终博得了客户的信任和认可。

其实，生活中有很多人之所以失败，并非因为自身的条件不足，或者是外界的环境不好，而只是因为他们心中有着自建的囚牢，因而总是自我牵绊，导致自己根本放不开，也无法做到充满自信。还有些人不管面对什么事情，都忐忑不安，总觉得自己能力不足，水平有限，什么事情也做不好。这样的人，也是不可能成功得到人生馈赠的。任何时候，我们都不应该给自己设置限制，唯有敞开心胸接纳生活，迎接命运的挑战，并不遗余力地实现自己的梦想，我们才能打破常规，实现人生的飞跃。

从本质上来说，思维是无形的，也是非常灵动的。每个人只有让自己的思维保持活跃，才能不断地打破常规，突破自我。相反，如果一个人总是被那些先入为主的观念限制，自己对自己也缺乏信心和勇气，那么最终就会被条条框框限制住，导致人生变得毫无创新可言，永远一成不变，这样的人生显然是可悲的。

朋友们，让我们打开思路，给思维一条生路吧。无拘无束的思维能够生出翅膀，带着我们飞到天涯海角，也会帮助我们获得人生至高无上的辉煌。

被贴“标签”，强者从不认命

现代社会，随着人们对教育越来越重视，各种教育理念也如同雨后春笋般崭露头角，因而很多父母在新的教育理念的指导下，对于孩子的教育也更加重视，投入了更多的时间和精力。然而，依然有很多父母没有摆脱教育孩子的误区，即对孩子贴标签。所谓贴标签，就是以论断性的语言对孩子作出总结和概括，这可能会导致孩子最终认可标签代表的形象，从而真正成为一个符合标签特征的人。举个最简单的例子，假如父母总是当着孩子的面说孩子很笨，是个笨蛋，是个蠢货，日久天长，孩子因为自身的认知能力和思维判断能力都不足，就会被动地接受“笨蛋”“蠢货”等标签，导致自己的人生之路也越来越向着标签靠拢，不知不觉间就变得听天由命，自暴自弃，破罐子破摔。为此，有很多教育学家都告诫和呼吁父母千万不要随意给孩子贴标签，毕竟孩子正处于飞速成长和发展的阶段，人生还充满无限的可能性，根本不可能定型。而这样的标签往往会导致孩子们对人生失去希望，甚至产生逆来顺受的消极思想，导致他们的思想与行为都与标签越来越符合，也越来越相似。一个原本可以很优秀的孩子，倘若因为父母随意的贴标签行为，导致其人生出现偏差，甚至完全脱轨，岂不是很遗憾吗！

除了孩子被贴标签之外，人在职场，成人也经常容易被贴标签，也难免会产生消极、沮丧的情绪，甚至对工作再也提不起精神和兴致来。举个最简单的例子，假如一个头脑愚钝但是非常勤奋的下属在工作上犯了错误，上司就此批评他“没有创造力”“思维迟钝”，那么尽管这的确是事实，却会扼杀下属不断进取的积极之心，导致他在工作上止步不前。其实，上司在职场上之于下属，恰恰也像父母和老师之于孩子，会产生巨大的影响力。一旦作为上司随意给下属贴上标签，就会使下属失去自信，甚至从此变得束手束脚，人生的发展和机遇也会因此受到影响。

对于成功，大名鼎鼎的成功学大师卡耐基曾经说过，一个人要想取得事业的成功，必须在和谐而又自由的环境中充分发挥自身的主观能动性和创新性，勇敢打破旧我的束缚，铲除道路上的一切阻碍。从卡耐基的话中我们不难看出，正如人们要想建立一个新世界，必须首先推翻和废除旧世界一样，对于个人而言，道理也是这样的。

一直以来，大家都说豆豆是一个非常优秀的老师，她那么喜欢和孩子们在一起，自己也有一颗童心，最重要的是她似乎天生就懂得如何把知识深入浅出地教授给孩子们。然而，毕业之后从教三年来，尽管豆豆是学生心目中的好老师，校长心目中的好教员，父母心目中的乖乖女，但是她始终都觉得自己的人生缺少了些什么。

在大学同学聚会上，豆豆与许久没有见面的大学好友娜娜见面了。原来，娜娜大学毕业后并没有回到家乡当老师，而是去了北京的一家报社，成为了一名实习记者。经过三年的历练，如今的她不但顺利转正，而且在数次采访任务中得到极大的提高和锻炼。看着谈吐不俗、睿智犀利的娜娜，豆豆突然间知道了自己想要的生活。她下定决心辞掉工作，尽管身边所有人都劝她如此按部就班、安安稳稳地生活下去，但是她很清楚地知道，自己并不安于命运，而且也不想像所有人判断的那样当一辈子的老师。

就这样，豆豆义无反顾地背起行囊去了上海，相比干燥的北京，她觉得上海的婉约和湿润更适合她。因为缺乏工作经验，她并没有如愿以偿地直接成为一名记者，而是成为了一名编辑，每日做些与文字有关的简单工作。直到经过三年的历练，她才得到主编的认可和赏识，因而渐渐能够承担一些相对简单的采访任务。出乎主编的预料，豆豆对记者的工作丝毫不显得陌生，而是轻车熟路，几次采访任务都做得非常圆满，让人刮目相看。又过去一年多，豆豆理所当然成为社里的资深记者，她写的稿件质量也是最好的。如今的豆豆经常接受重要的采访任务，和那些成功的人面对面交流，感受他们的成功，也领悟他们的独特魅力。正是因为如此深度且高质量的精神交流，使得豆豆也进步神速，不但眼光犀利，观点也更加深刻。后来，豆豆应邀去另一家杂志社当了主编，从此她的人生天地变得更加开阔，也充满了无限的可能性。

在豆豆辞掉教师的工作并且打拼出新的人生天地之前，几乎所有人都觉得豆豆就是当老师的好材料，似乎这个世界上除了教师的职业之外，再也没有任何职业这么适合豆豆了。然而，豆豆心里很清楚自己想要什么，想获得怎样的人生。为此，她义无反顾地辞掉工作，撕掉人们给她贴上的标签，重新开始缔造属于自己的人生帝国。这样的豆豆，勇气可嘉，也因此得到了命运的慷慨馈赠。

现代社会正处于飞速发展之中，社会上的每个人也都应该朝气蓬勃，充满激情，更应该发挥自身的潜能，为自己创造辉煌的人生。倘若被他人的标签束缚住，我们前进的脚步就会被羁绊，从而失去美好的、拥有无限可能性的未来。朋友们，如果你们发现自己被他人贴上了标签，一定要赶快主动撕掉它，这样才能释放自我。当然，我们也应该注意在生活和工作中避免给他人贴上标签，否则就会无形中影响他人的人生，导致他人止步不前，如此岂非罪过？积极的人生应该充满激情，更应该对于未来有着无限渴望和畅想。就让我们加足马力在人生的道路上纵横驰骋吧，相信命运一定会给予我们更多惊喜！

第11章 你或许不完美，但是这并不妨碍你的努力

在这个世界上，从没有绝对完美的人。每个人都不够完美，我们要想保持内心的淡定平和，就必须接受这个事实，这样才能避免始终因为自己的不完美而纠结、痛苦。正如有了丑的衬托，才有所谓的美一样，也正是因为有了瑕疵的衬托，才使人们无限追求完美。其实，瑕疵使我们显得更真实，我们也只有接受自身的不完美，才能竭力塑造接近于完美的自己。归根结底，不管是否完美，我们都必须努力，唯有努力才是人生上进的唯一通道。

你知道自己其实这么好吗

日常生活中很多人都对自己感到不满意，殊不知，我们其实已经很好了，一切的不满只是源于我们贪婪的心而已。至少你平平安安长到这么大，至少你能吃饱喝足还穿着干净温暖的衣服，至少你有能力工作养活自己，还有疼爱你的父母、朋友陪伴在你的身边……这一切都是人生的馈赠，也都给予了我们感谢生命、感恩生活的理由。

众所周知，只有充满自信的人生才能意气风发，斗志昂扬，遗憾的是总有些人对自己不那么满意，甚至处处看自己不顺眼。不是觉得自己个子太矮，就是认为自己皮肤黝黑，再或者觉得自己胖了瘦了，总而言之就是没有刚刚好。正是因为这种自我否定的心理，导致生活中有很多人都出现选择困难的症状，并且为此深感苦恼。假如我们能够更加坦然从容地接受自己，也悦纳自己的一切优点和缺点，那么我们就不会在选择时这么艰难，更不会因为害怕自己不够完美而陷入无穷无尽的苦恼之中。

实际上，很多人并不像自己想象得那么差，他们之所以觉得自己很差，是因为盲目地自我否定。曾经有个小姑娘为了购买一件衣服，逛街整整一天，都没有为自己找到合适的衣服。她不是觉得自己手臂太粗不能露出来，就是觉得自己身材太矮小不能穿长款的，或者就是觉得自己皮肤不够白有很多颜色都不能选择。在白白浪费一天的时间之后，她不但毫无收获，而且郁郁寡欢，根本无法面对这个不够完美的自己。甚至因此，她生自己的气，恨不得把自己像泥人一样打碎了重新塑造。这就是否定自己的严重后果，它会伤害我们的自信，使我们的人生无比纠结。

一直以来，娜拉都对自己的生活极其不满意，当然根源是因为她对自己不满意。高中时期，娜拉因为沉迷于看小说，导致高三成绩下降，因此没有考入理想的大学。虽然她最终就读的大学也是重点大学，但是她始终对此耿耿于怀。

大学毕业后，娜拉还算幸运，原本准备打道回老家的她，在车票都已经买好的情况下，突然得到一家出版社的通知，让她去报到。原来，那一年正好受到非典疫情的影响，很多人都逃离北京，因而北京急缺人才。面对这样的现状，用人单位迫不及待，最终顺利录取了娜拉。为此，娜拉留在了北京，开始了崭新的人生。然而，娜拉所在的出版社是清华大学所属的，因而里面的编辑不是研究生就是博士生，只有娜拉一个本科毕业生，最终领导安排她当营销员，专门负责出差。在一年的时间里，娜拉几乎有半年以上的时间都在四处奔波，不是在出差的路上，就是在出差回来的路上。如此过去了几年，她认识了一个同乡的男孩，经过简单接触和了解，就结婚了。

尽管这个男孩很老实，但是因为他是父母人到老年得来的小儿子，因而娇生惯养，丝毫没有竞争意识，也不想追求上进。刚开始时因为彼此正处于热恋，娜拉并没有发现男孩的这个致命弱点，直到结婚成家，她才意识到男孩只要有吃有喝就很满足，没有任何理想和抱负。娜拉不免对生活感到悲观绝望，也因此对于自己和人生都更加不满。后来，他们有了孩子，娜拉依然四处奔波，家里主要靠着丈夫利用工作之余的清闲时间操持和照顾。

也许是因为七年之痒吧，在孩子五岁时，娜拉认识了一个风流倜傥的男性，几乎一夜之间就坠入了情网。当时，她在这个男性的蛊惑下坚持要和丈夫离婚，甚至还放弃了女儿的抚养权。然而，新的婚姻开始之后，娜拉才无限怀念自己以前的生活。原来，她的现任丈夫是个风流情种，不但用情不专，而且对于家庭也毫无责任感可言。此时的娜拉追悔莫及，恨不得回到从前，找回曾经的自己，那她一定会珍惜生活，珍惜爱人，珍惜家庭。

人们总是犯同样的毛病，失去了才懂得珍惜。尤其是那些对于自己不满，觉得自己不够好，对于生活也不满意的人，他们总是对现状挑剔，根本想不到自己一旦失去这样的生活，是否会意识到它的好。不得不说，生活中的大多数人都处于习惯性地自我否定和自我厌弃中，因为觉得自己不够好，他们也连带着对生活不满意，由此使人生陷入恶性循环之中。

其实，我们真的不像自己想象得那么差，要知道，金无足赤，人无完人，每个人都有自己的优点和缺点，我们必须坦然接纳自己，悦纳人生，才能最终遇到最好的自己，也开拓美好的人生。

随大流有的时候也能帮助我们平衡自己

在现实生活中，人们往往喜欢随大流，因为随大流让我们感到心安，也让我们觉得自己是正确的。所谓法不责众，意思是说当每个人都犯法的时候，法律也不会对所有人都给予严厉惩罚，因而在人群中总会使我们感到安全，也知道自己并不孤独。

每个人来到这个世界上，注定要承受不同的命运。每个人都在自己的世界里活着，同时也是这个广袤世界的一份子。当我们因为命运的坎坷和挫折而抱怨不休时，不如跳脱出自己的小圈子，这时就会发现原来这个世界上还有很多比我们更加不幸的人。如此随大流的心态，能够很好地平衡我们的内心，让我们对于人生和社会的戾气不再那么强烈。

前段时间，杰西带着孩子一起去上海旅游，为的是让儿子开开眼界。原本杰西以为凭着自己曾经在上海的生活经验，一定能够顺利找到很多地方，但是不想那天他和儿子一起朝着东方明珠电视塔走时竟迷路了。他带着儿子绕来绕去好几圈，也没有找到路，无奈之下，只好问一个过路的女孩。

女孩马上停下来热心地指路，这时候杰西的儿子在一旁显然有些尴尬，毕竟他和爸爸可是两个男子汉啊，居然要靠一个女孩指路，为此他嘟嘟囔囔地埋怨爸爸："切，还说自己在上海生活了好几年呢，居然连最著名的东方明珠电视塔都找不到。"杰西有些羞愧，一个父亲被儿子鄙视总是让人难堪的，尤其是还当着他人的面。这时，女孩似乎看出了父亲的尴尬，因而一边拿出手机打开地图，一边笑着说："上海的路横七竖八，有很多路都不是直的，再加上这些年加快发展，因而很多道路都重新规划和修理了，找不到也是正常的。别说你们初来乍到，我有的时候也找不到路呢，总得拿出手机地图对照着。"

女孩说完之后，杰西脸上的表情明显自然了很多。是啊，连每天生活在上海的人有的时候都会迷路，更何况是他们这些外来者呢！这时，儿子也不再一个劲地埋怨父亲了。

在这个事例中，杰西被儿子埋怨，因而觉得很不好意思。幸好被问路的女孩冰雪聪明，善解人意，因而马上也表示自己同样容易迷路，由此给杰西解了围。这就是随大流的魔力。曾经有人专门针对人的随大流心理做过实验。在十字路口，假如是红灯，大家都在等红灯，那么也就没有人会闯红灯。此时此刻，如果有一个人带头闯红灯，马上就会有很多人都亦步亦趋地跟在后面一起闯红灯。尽管这里的随大流起到的是负面作用，但是我们由此不难看出随大流心理对人们影响的确很大。

倘若我们能够在生活中巧妙运用随大流的心理，在感到不平衡的时候，多看看身边的人，多看看那些过得比我们更加辛苦的人，也许就能够使自己的心理获得平衡，从而更加满足地在人生路上不断奔波，继续朝着人生目标努力奋进。从心理学的角度来看，随大流的思想也是人们倾向于符合普遍性的心理特征之一。觉得自己和他人一样，这使我们感到心安理得，也使我们能够更加包容命运。

毋庸置疑，每个人的人生经验都是有限的，就像井底之蛙一样，只能看到眼前的那片天地。因而，在遭遇人生不幸的时候，我们很容易钻入牛角尖，觉得自己就是天底下最悲催倒霉的那一个。只有在意识到自己的普遍性之后，我们焦虑不安的心情才能稍微缓和些，从而帮助我们更加悦纳人生，迎接命运的各种安排和挑战。从个人的角度而言，我们只有转移视线，不再只盯着自己的“悲惨人生”，才能及时消除内心的焦躁不安，也才能感受到人生的幸福快乐。

自欺欺人的努力，永远与成功绝缘

现代社会正处于飞速发展的时代，几乎每个年轻人作为社会的一员，都发自内心地渴望成功，渴望拥有辉煌的人生。然而，命运总是捉弄人，很多人即便付出了努力，也依然与成功绝缘。为此他们开始抱怨命运，抱怨人生的不公平，也抱怨自己的运气不够好。殊不知，成功并非完全取决于天时地利人和，更多的时候，如果我们的努力自欺欺人，就会导致事倍功半，甚至还会事与愿违。如此一来，我们自然会与成功渐行渐远，甚至彻底与成功绝缘。

一个人只有真正认识自己，客观评价和分析自己的能力，才能认清楚人生的方向，也找到人生的目标所在。所以，当你总是与成功失之交臂时，千万不要抱怨成功从不青睐你，只有反思自身，更加卓有成效地付出，我们的努力才能起到事半功倍的效果。

作为一名兼职的编辑，娜娜的主要工作就是与文字打交道。当然，随着时间的流逝，她的文笔越来越老练，也因此有了稳定合作的图书公司。有段时间，娜娜在朋友的介绍下认识了一个图书公司的主编。在与主编第一次合作时，娜娜主要负责为主编深度整合与改写关于丘吉尔的文稿。对于这份工作，娜娜颇有些小聪明，在给主编样稿的时候，她特意没有用出十分的力气，而只用了五六分的力气。原来，娜娜认为：倘若我一开始时就主动按照高标准、严要求完成稿件，那么也许主编会更加得寸进尺，因为他总要提出一些意见的。相反，假如我只花费五六分力气就完成样稿，万一侥幸通过，接下来只需要按照样稿水平即可完工，还能省点儿力气呢！

正是出于这样的想法，娜娜对于样稿并没有像平日里工作那样百分之百地投入，其实她也很奇怪，因为她对待工作一向严肃认真，一丝不苟，不知道这次怎么就萌生了偷懒的想法！果然，她交上去的样稿通过了主编的审核，在接下来的工作中，她始终付出五六分的力气。然而，等到真正通稿完成之后，主编看完稿件却说完全不合格，都要重新来过。娜娜简直觉得世界末日，这可是几十万字的稿件啊，如果重头来过，那可比一开始就花费十分力气做好要付出更大的成本。为此，她非常犹豫纠结，最终却因为事情已经成为无法改变的事实，不得不硬着头皮花费了一个多月的时间，重新梳理稿件，加工完善。最终，娜娜花费在这个稿件上的时间远远超出了其他稿件的两倍之多，她懊悔不已，发誓以后再也不自欺欺人了。

在这个事例中，作为资深编辑，娜娜完全知道稿件需要加工到怎样的程度，也很清楚如果稿件质量不过关的后果，然而她却非要以身试法，最终导致得不偿失。对于这样的结果，她只能哑巴吃黄连，有苦说不出，因为她所有的努力都是自欺欺人，都是毫无用处的无用功，这也就注定了她只能付出更多，而且会因此给主编留下不好的印象。

无论在生活中，还是职场上，我们总是看到很多人都行色匆匆，甚至废寝忘食，然而最终他们并没有取得多么伟大的成就，甚至连人生中最基本的工作都做不好，这到底是为什么呢？究其原因，很多人的忙碌实际上都是瞎忙，努力也是收效甚微、事倍功半的，因而尽管他们看起来一刻也不得闲，但是效果却着实不好，因而也很难达到预期的效果。

其实，与其自欺欺人忙忙碌碌地度过一生，不如调整自己的心态，厘清思路，哪怕只做一件事情，也要把这件事情做到极致，才能最大限度地发挥自身的能力，也才能不遗余力地创造辉煌的人生。曾经有人这样评价那些看似忙碌实则瞎忙的人，说他们是因为无能，所以必须依靠不停地忙碌来证实自身的存在感和价值感，从而逃避自己的无能。不得不说，这样的总结真的非常犀利，一语道破天机，使人们在疼痛中醒悟，也从顿悟中反省人生。

真正努力的人也许看起来并不是那么地忙碌，他们该忙的时候忙，该闲的时候闲，根本不会为了工作放弃生活，也不会因为生活中琐碎的事情占用自己所有的时间，导致没有时间去消遣。他们深深懂得劳逸结合的道理，因而能够在最短的时间内高效地完成很多事情，从而让自己拥有更多自由自主的时间，也帮助自己获得更好的发展，成就精彩的人生。

生活的本质就是不完美，你要学会接受

几乎每个人都在追求完美，追求自己的完美，追求生活的完美，恨不得一切都毫无瑕疵，给予我们最深刻最美好的感受。但遗憾的是，生活的本质就是不完美，这个世界上也没有绝对的完美。任何完美，都是相对而言的，都需要在我们接受生活的瑕疵和缺陷的基础上，才能呈现出一定程度的完美。

有的时候，我们妄自菲薄，对于自己的生活感到非常不满意。殊不知，你所看到的别人那光鲜亮丽的生活，仅仅是展示出来的生活成品而已。就像是那些大名鼎鼎的娱乐明星，看似整天过得都充实而又美好，而且每时

每刻都在接受粉丝的追求和顶礼膜拜，但是实际上他们在背后也有很多不为人知的辛酸，更是吃了很多常人不能承受的苦。正所谓吃得苦中苦，方为人上人，我们必须抱定吃苦的决心，并且坚定不移地付出，才能得到人生的收获。

很多人对于生活的不完美，总是不断挑剔，甚至发自内心地排斥。殊不知，不管你对于生活不完美的本质多么不满，都无法改变生活。因而聪明的人总是学着接受生活，也悦纳生活的不完美，而不会处处苛责生活，因为那样会使自己的心情越来越暴躁烦闷。例如，对于我们自身的缺点，所谓身体发肤受之父母，尽管如今有很多高超先进的整容手术能够改变我们的容貌，但是依然无法做到随心所欲。所以我们对于父母赐予的身材容貌，只能接受，而不能抗拒。抗拒除了让我们感到自卑、怯懦之外，对于生活质量不会有任何提升。相反，如果我们能够做到悦纳自己，悦纳生活，与生活中的瑕疵和不完美和谐共生，从而从自身的角度出发，尽量提升自我，反省自我，那么也许生活反而能够更加贴近我们的人生理想，让我们获得梦寐以求的成功。

自从有了微信朋友圈，王玲觉得自己的生活更加卑微和不尽如人意了。原来，大学毕业后王玲因为是家中娇生惯养的独生女，就回到家乡的小县城当了一名小学老师。后来，她结识了一位交警，就组建了家庭，从此倒也平平安安，波澜不惊。

直到毕业十年的同学聚会，王玲才和同学们互相加了微信，再次恢复了联系。这一联系可不得了，从此之后她几乎每天都郁郁寡欢。原来，不是在南京的静静买房了，就是在上海的林丹买车了，或者就是广州的马玉带着妻子去了马尔代夫七日游，再不就是谁谁谁情人节收获了大钻戒……原本对于生活还比较满意的王玲，在朋友圈的各种刺激下对生活越来越不满意，甚至为此整日看老公都不顺眼了。直到有一天，那个在朋友圈晒马尔代夫补度蜜月的马玉孑然一身回到家乡，王玲才知道他被富二代妻子甩了。看着马玉哭笑不得的模样，王玲说："每天看你们的朋友圈，我觉得自己过得简直不叫人的日子。想不到，你们那么潇洒也有烦恼啊！"马玉这才忍不住诉苦："朋友圈发的你也信，那不都是臭显摆呢！过日子嘛，不管穷富都差不多，总是有烦恼的。"听了马玉的话，王玲这才知道原来一切都是表象，日子的本质总是瑕疵，哪里有绝对的完美呢！

从此之后，她摆正心态，对于朋友圈，想看的时候就看看，但是绝不当真，自己的日子还要自己过，所谓苦乐自知吧！

当我们接受了生活的不完美，心中的不平也就会减弱许多。人生总是难以让人如愿以偿，我们唯有怀着一颗宽容之心面对生活，才能得到生活的厚待。否则，若我们时时刻刻都对生活百般挑剔，生活自然也不会以丰厚的回报馈赠我们，如此一来，人生怎么可能更加让我们满意呢？

与其把宝贵的生命用来和他人刻意展示出来的某一面攀比，不如用这些时间和精力来投入生活，更好地享受生活，拥抱生活。当我们能够坦然接受生活的不完美，发自内心地不再抱怨生活时，我们也就彻底解放了自己的心灵。要知道，苛求生活的完美其实最大的伤害还是指向我们的内心，它会让我们更加焦躁不安，更加不满厌倦，最终使生活陷入恶性循环中。囚牢都在自己心里，我们必须拆除心中的囚牢，才能轻松自如地面对生活的一切馈赠。

不要过心比天高、命比纸薄的人生

每个人都想拥有奢华的人生，因为贪图安逸和享受原本就是人的本性使然，也是人的本能之一。然而民间有句俗话，叫作小姐的身体丫鬟的命，这句话形象地描绘出人们心比天高、命比纸薄的人生状况。的确，生活中就是有很多这样的人，他们对于人生有着无限的憧憬和渴望，也奢求过上富裕安闲的生活，但是偏偏命运从不让他们如意，导致他们不得不在艰难困苦中辗转反侧，无法摆脱厄运的纠缠。

尤其是现代社会，物质极大丰富，对于人们的诱惑也越来越多，在这些诱惑面前，有几个人能够保持内心的淡定平和，心自岿然不动呢！然而，我们必须认清楚现实，也要接受命运的安排。其实贫穷并不可怕，只要我们能够正视贫穷，也愿意通过自己的双手努力改变生活，我们还是能够成为命运的主宰。当然，前提条件是我们能够悦纳人生，接受现实，而不要总是不切实际地幻想着有朝一日能够天上掉馅饼。记住，这个世界上从没有不劳而获的事情，成功自然也不会一蹴而就。要想得到生活的馈赠，我们就要脚踏实地、一步一个脚印地努力。胖子从来不是一口吃成的，我们羡慕那些有钱人过着衣食无忧的生活，却不知道他们在此之前其实付出了加倍的努力，也饱尝生活的艰辛。

玛丽是个美女，从小在父母的呵护下长大，成为了娇生惯养的乖乖女。长大之后的她出落得更加水灵，因而也得到了很多有钱人的追求。刚刚二十岁的时候，她就嫁给了一个地产界的大亨，从此过上了豪门生活。她的日子过得无忧无虑，人也养尊处优，因而从此养成了更加大手大脚花钱的习惯，几乎每天都要消费。尽管挥金如土的生活很惬意，但是日久天长，玛丽难免觉得无聊。因此她就会约上其他的富太太们一起做SPA，或者逛街购物，总而言之从来不闲着。然而，精神上的寂寞和空虚，使她无法保持内心的平静。她开始抱怨丈夫整日忙忙碌碌，没有时间陪伴她。然而丈夫反驳她的理由总是非常充分："我也和你一样整日待在家里只知道花钱，你还哪里有钱花呢！"

这样的生活过了几年之后，玛丽开始觉得人生毫无意义。她最终决定离婚，凭着自己的双手创造生活。尽管身边的人都劝说她已经习惯了富太太的日子，就不要再折腾了，但是她心意已决，丝毫不愿意改变主意。所谓由俭入奢易，由奢入俭难。离婚之后的玛丽依然保留着奢华的消费习惯，很快她的经济就开始吃紧。这时，她才深刻意识到一切真的只能靠自己了。除此之外，任何人都帮不了她。

从此之后，玛丽再也不大手大脚地花钱，而是把有限的钱都用于学习，提升自我，完善自我。后来，她找到一份工作，从最基层干起，尽管每天朝九晚五的生活让她感到很劳累，但是她心里觉得非常充实。如今，她流着自己的汗，吃着自己的饭，心里觉得人生充满了希望。

对于玛丽而言，假如她在离婚之后依然不改变生活奢华的习惯，那么她很容易因为心比天高、命比纸薄，导致自己陷入生活的窘境，无法自拔。人呢，总是要随贵随贱的，尽管由奢入俭难，但是当生活发生不可逆转的改变时，我们也只能接受。

当你发现自己的收支严重不平衡时，不如从现在开始开源节流，也同时努力提升自己，使自己的能力增强，从而能够赚取更多的钱。有的时候，对于奢华生活的渴望并非是坏事，它也许能够激励和鞭策我们不断努力，最终使我们凭借自己的双手改变生活，主宰命运。退一步来说，幸福与生活是否奢华并非成正比，有很多有钱人穷得只剩下钱，反而非常苦闷。相反，也有很多人穷欢乐，尽管经济上并不富裕，但是因为亲情、友情和爱情等生活中美好的事物，因而对生活充满渴望，并充分享受到生活的幸福与快乐！

岁月是一把杀猪刀，也是一把锋利的刻刀

面对岁月的残酷，看着渐渐老去的容颜，很多人都无限感慨：岁月是

把杀猪刀。的确，在岁月这把杀猪刀面前，任何青春靓丽的容颜都无法摆脱它的纠缠，最终它会在每个人曾经 光滑的脸上刻上深深的印记，让人在刀刻的深痕中感悟生命的真谛。

当很多人因为岁月的杀猪刀感慨人生短暂，青春不能永驻时，却有很多人从岁月的刻刀中获得了新生。原来，岁月不但是一把杀猪刀，也是一把锋利的刻刀，能够帮助我们在人生的路上不断雕琢自己，使自己渐渐成长为心目中期待的样子。

丽丽是一名来自农村的女孩子，凭借着自己的努力和聪明勤奋，考入了上海的一所名牌大学。大学毕业后，丽丽不像很多同学那样父母有权势，有背景，因而多多少少能帮上一些忙。丽丽很清楚这一点，所以她从未指望依靠任何人，而是凭借着自己的实力大量投递简历，而且四处奔波找工作，最终过五关斩六将，进入一家颇有名气的企业。对于这样的人生起步，丽丽觉得很满意。然而，进入公司没多久，丽丽就发现和她同期进入公司的另一个女孩，虽然毕业的大学名不见经传，女孩本身也不够努力，上班总是很懒散，还经常上网购物，但是偏偏得到了和丽丽同样的待遇。

丽丽自己呢？因为知道自己缺乏经验，也很想在上司面前获得好的表现，所以她经常主动加班，主动承担办公室里没有人愿意做的额外工作，而且利用业余时间提升自己，不断给自己充电。后来，丽丽才知道那个女孩是托人找关系进来的，后台很硬，即便她不工作，老总也会给她发工资。得知这个真相之后，丽丽觉得心中很不平衡，也特别恼火，她愤愤不平地想："凭什么我学历比她高，能力比她强，工作也比她更努力，而她却能够不劳而获呢？"随着心中的愤恨越积越深，渐渐地丽丽对待工作的态度也有了转变。她暗暗告诉自己：既然原本就不公平，我也就无须这么努力表现自己。

一个偶然的机会，丽丽认识了一位资深人力资源师。当得知丽丽的现状和想法之后，这位人力资源师一本正经地告诉丽丽："小妹妹，不要觉得你工作的目的就是多劳多得，拿到更多的薪水。如果你为了心中的这点愤愤不平就放弃努力，那么你最终损失更大。要知道，毕业后的这几年恰恰是黄金时期，如果你能够迅速积累工作经验，一定会飞速进步。任何一个怀着打工心态工作的人，都很难取得长足的进步，因为他们并不知道工作的真谛是什么。”这番话深深地触动了丽丽，让丽丽意识到自己的鼠目寸光。从此之后，丽丽不再因为那个女孩的不劳而获而愤愤不平，而是努力提升自己，尽量多承担一些工作任务，从而让自己迅速提升。

经过几年的历练和提升后，丽丽抓住合适的机会，跳槽到一家五百强企业，不但职务升高，而且薪水也大幅度提高。至于那个女孩，后来则因为公司裁员，被裁掉了。

对于人生，我们付出了什么，就会收获什么。所谓种瓜得瓜，种豆得豆，在岁月的磨砺中，我们付出了什么，必然也就会收获什么。在人生的漫长道路上，真正的智者不会过于在意一时的得失，而是借助于各种各样的机会努力提升自己，让自己获得长足的进步。唯有如此，我们才能得到人生的丰厚回报，也才能抓住一切机会努力提升自己。

岁月是一把杀猪刀，如果我们不够上进，就无法在人生路上成就圆满，我们的人生必然千疮百孔。唯有保持一颗积极淡定的心，我们的人生才会更加无所畏惧，才能够做到积极奋进，将岁月这把杀猪刀变成一把锋利的刻刀，在一刀又一刀的雕刻中，使我们的人生初现雏形，也使我们的人生渐渐驶向理想的彼岸。

君子爱财，取之有道，爱财也可以光明磊落

通过一个人赚钱的表现，可以深入了解这个人的能力；通过观察一个

人花钱的表现，则可以更加深刻地了解这个人的本质和特性。在现实生活中，人们总是把“都是有钱惹的祸”挂在嘴边，似乎金钱是人类一切罪恶之源，但凡不好的事情，都能与金钱沾上边。的确，生活中有很多钱导致的悲剧，不过也有很多千金散尽最终获得美好人生的事例。由此可见，钱到底是帮助人们赢得美好的人生，还是彻底摧毁人们的人生，归根结底不在于钱本身，而在于钱的拥有者采取怎样的心态和状态面对生活。

很小的时候，我们都会被父母告诫钱很脏，因此大多数讲卫生的小朋友一旦摸了钱，都会赶紧洗手，否则连心里都觉得不舒服。当然，钱脏不仅仅是因为在流通环节被无数人摸过，使用过，也因为钱会使人的心发生诸多难以预料的变化，甚至使人变得面目全非。然而现代社会，有钱虽然不是万能的，没有钱却是万万不能的。因而有很多人心底里其实很爱钱，但是表面上却装出视金钱为粪土的模样，不愿意承认自己爱钱，且希望拥有更多的金钱。其实，这样的伪装根本没有必要。人要活着，必然需要金钱作为各种人生活动的支撑。尤其是对于一个现代人来说，假如没有钱，则面临着寸步难行的窘境。由此可见，人人爱财都是理所当然的，我们也完全没有必要为了自命清高，而故意装出不爱钱的样子。所谓君子爱财，取之有道，只要我们对待金钱不是不择手段地获取，而是凭借自己的双手通过努力获得，那么我们完全可以光明正大地爱钱。

作为一个性格外向的女孩，丝丝一直都有很多朋友，其中不乏关系特别亲密的闺蜜。每当到了节假日，她们总会相互招呼着一起出去吃喝玩乐，当然，谁买单这是个让人头疼的问题，毕竟她们经常性地聚餐，让任何一个人经常买单都是不合适的。为此她们特意开了个公开会，最终经过协商决定，聚餐采取AA制，每个人均分餐费。当然，她们也不可能结账的时候就公然凑份子，因而往往由一个人先出钱垫付餐费，等到聚餐结束大家再转账。

每次聚餐时，因为丝丝是团队里的大姐大，所以她常常垫付餐费，但是让她郁闷的是，每次聚餐之后，总会有那么一两人“忘记”给她AA制的餐费。虽然钱不多，一个人也就几十块钱，但是丝丝还是觉得很难受，毕竟她的钱也不是大风刮来的。退一步来说，假如光明正大地请别人吃饭，至少还赚了个大方的好名声，如此不黑不白地搭上几十块钱，岂不是打水漂了么！尤其是假如对方真的忘记了这件事，那么连感谢也不会说一声。后来，丝丝实在很苦闷，就把这件事情告诉了关系最好的闺蜜。闺蜜得知后，说：“你直接要啊！”丝丝不好意思地说：“我怎么能直接要呢，那多丢人啊，好像我是个财迷似的。”闺蜜不以为然地笑着说：“你呀，真是老思想啦！这钱本来就是你自己的，又不是别人的，为什么不能要？况且，聚餐之前就说好了是AA制，凭什么你要帮别人掏钱！你呀，还是自己觉得心虚，觉得谈钱是丢人的事情，所以才总是抹不开面子。我问你，假如别人欠了你的钱，你也不准备让别人还了吗？更何况你垫付本来就已经帮了她们，又何必觉得不好意思呢！”

闺蜜的话让丝丝意识到其实钱也并没有那么可恶，而且自己光明正大挣来的钱也很不容易，理应要回来。为此，在又一次聚餐之后，丝丝直接了当向一位欠了好几次餐费的姐妹发微信讨债，说：“姐妹，你三次没给聚餐费啦，是不是忘记了？快点给我吧，我也需要钱啊！”丝丝的微信刚刚发过去，那位姐妹就装作恍然大悟的样子进行了自我批评：“哎呀哎呀，亲爱的，真是对不起。你看看我这脑子，吃完饭就把付钱的事情忘记了。你快告诉我三次一共多少钱，我马上给你打过去。”就这样，让丝丝纠结很久的餐费问题解决了。如今的丝丝，偶尔给大家垫付餐费，聚餐结束时都会及时讨要，再也不会因为被欠钱而纠结不安了。

在现代社会的生活中，没有钱简直寸步难行。因此，每个人都可以大大方方地爱钱，也可以让金钱帮助我们改善生活，提升生活质量，从而也光明正大地激励和鞭策自己努力挣钱。

金钱作为社会上的通用资源，还能够帮助我们实现很多的心愿，也满足我们的生活所需。由此看来，我们还有什么必要在面对金钱时采取忸怩作态的态度呢？唯有采取正确的态度面对金钱，也认可金钱在我们的生活中不容忽视的重要作用，我们对于金钱才能更加从容淡定，也不至于因为钱做出不可思议的荒唐事。

归根结底，金钱引起的一切问题都不在于钱，而在于持有金钱的人。我们作为金钱的主宰者，必须让金钱为我们所用，而不要受到金钱的驱使，成为金钱的奴隶。朋友们，从现在开始让我们彻底改变金钱是万恶之源的思想吧。金钱不是万能的，没有钱却是万万不能的，让我们发挥自身的能力努力挣钱吧，只要是取之有道的金钱，就应该为我们的人生产生助力，也增添光彩！

第12章 控制好情绪，让你的世界没有雾霾

近来，全国各地雾霾爆表，让人们恍若生活在“仙境”之中，严重的地方甚至看不清楚几米以外的东西。殊不知，不但现实生活中有雾霾，人们的情绪也是有雾霾的。在生活中，总有各种各样的事情发生，导致我们的情绪产生波动。只有成为情绪的主人，我们才能更好地控制情绪，从而避免情绪的雾霾在我们的人生中肆意蔓延，让人生始终阳光普照，平安合乐。

成为情绪的主宰，你才能得到命运的眷顾

每个人在人生中要想获得长足的发展，首先应该突破自我，摆脱内心深处的樊篱，如此才能释放自己的无限能量。正如一位名人所说的，人最大的敌人就是自己。我们必须始终坚持挑战自我，不断突破自身的极限，才能锤炼自己的意志力，让自己成功征服自己。

尤其是在现代社会，整个时代都处于飞速发展之中，竞争前所未有地激烈。要想收获成功的人生，我们不但要与天斗，与地斗，更要与人斗争，这其中也包括我们自己。也许有很多人只有在碰得头破血流之后，才能彻底醒悟：对于自己而言，最大的敌人原来就是自己。只有想明白这个问题，我们才能更好地摆脱命运的禁锢，也挣脱内心深处的囚牢，从而实现海阔凭鱼跃、天高任鸟飞的畅意人生。

人是感性的动物，也常常受到情绪的影响。作为现代人，要想成功超越自我，突破自我的禁锢，我们首先应该成为情绪的主宰，如此才能拥有心平气和的人生，也才能得到命运的眷顾。从古至今，被气死的人不在少数，究其原因，他们都是因为不能控制自己的情绪，也无法成为情绪的主人，所以才在人生中变得非常被动。其实，聪明的人知道，生气是拿别人的错误惩罚自己。当我们受到别人的伤害，如果马上勃然大怒，那无疑是中了他人的计谋，也伤害了自己。明智的做法是摆正心态，保持心境的平和，如此一来才能确保我们的人生更加淡定自若，从容不迫，同时保证我们不会因为生气伤害自身。

美国大名鼎鼎的船王哈利，曾经许诺儿子小哈利：“等你23岁，我就把公司交给你打理。”然而，等到小哈利23岁生日时，老哈利却把小哈利带进了赌场，并且给了他两千美元作为赌资。当然，老哈利并非完全对小哈利放任不管，而是在小哈利进赌场前叮嘱他：“记住，不要输得一无所有，必须留下五百美元。”尽管小哈利连连点头，老哈利却再三叮咛。最终，小哈利因为输急了眼，不但忘记了老哈利的叮嘱，还输得分文不剩。他沮丧地走出赌场，向老哈利解释：“对不起，爸爸，我原本以为能够把本钱再赢回来一部分的，没想到事与愿违。”老哈利并没有特别生气，仿佛小哈利的表现完全在他的预料之中，他平静地说：“假如你想翻本，那就自己挣到钱再进赌场吧。”

随后的一个月时间里，小哈利每天都在辛苦地工作，终于赚到了几百美元。在再次走进赌场之前，他告诫自己：“一旦输掉一半的钱，我就不再赌了，马上离开赌场。”然而，他依然失败了，再次分文不剩地走出赌场。老哈利对此没有发表任何意见，小哈利却沮丧地说：“这辈子我再也不想进赌场了，我根本无法控制自己停止下赌注，所以每次都输得精光。”出乎小哈利的预料，老哈利一反常态，居然坚持要求小哈利再进赌场，并且依然要靠自己挣钱。为此，小哈利只好再去打工，为自己积累赌资。这次，直到半年之后，他才赚取了足够的本钱，因而又来到了赌场。

有了前两次的教训，小哈利这次显然变得稳重多了。在赌资输掉一半的时候，他毫不犹豫地控制住自己，没有继续下注，而是坚定不移地走出赌场。这次，尽管他很清楚地知道自己输掉了多少钱，也没有指望能够赢回来，但是他还是觉得很高兴，因为他终于成功地控制住了自己，既没有冲动，也没有因为无法控制而赔得血本无归。所以，小哈利觉得自己实际是赢了。

老哈利看着小哈利满面春风地走出赌场，欣慰地说：“恭喜你，儿子，你终于战胜了自己。一个人只有真正成为自己的主人，战胜自己，才有可能成为真正的强者，也才有可能成为人生的赢家。”从此之后，小哈利俨然成为赌场的常客，不过他始终都坚持自己的底线，当赌资输掉10%时，他就一定会马上离开牌桌。渐渐地，小哈利从总是输钱变成了能够赢钱，不过此时，他却得到了父亲更加严重的警告：必须马上离开牌桌！不想，从未在牌桌上尝到甜头的小哈利根本舍不得离开，他再次陷入冲动之中，不停地下赌注，眼看着赌资就要翻番了，却因为情势突然改变，最终他依然输得精光。此时此刻，小哈利才想起父亲的告诫，懊悔不已。

所谓吃一堑长一智，后来小哈利经过不断的历练，最终成为赌场上的老手，不管输赢都控制在10%以内，从不贪恋赌场。这时，老哈利知道小哈利真正长大了，也成熟了。要知道，这个世界上能够面对利益的诱惑果断退场的人，才是真正的人生强者和赢家。此时，老哈利把公司的财政大权交给小哈利，小哈利惊讶万分：“爸爸，我根本不熟悉公司的业务啊！”老哈利却浑身轻松地说：“没关系，业务总会熟悉的，你如今已经是自己欲望和情绪的主人了，一定能够当好公司的家！”

在这个事例中，老哈利之所以在小哈利23岁生日的时候把小哈利带到赌场，其实就是为了让小哈利学会控制自己的欲望，不管是面对失败还是成功，都能主宰自身的情绪，成为情绪的主人。在目的达成之后，老哈利毫无后顾之忧地把公司的财政大权交给了小哈利，从此小哈利就成为了家族企业真正的当家人。我们从中不难看出，控制情绪对于任何人而言都是至关重要的，甚至直接决定了我们人生成败的道路。

任何时候，一个人只有超越自我，突破自我，成为自身情绪的主宰，才能真正成为命运的强者，如愿以偿地实现自己的伟大梦想和志向。尤其是在现代社会，人与人之间的竞争异常激烈，一味地受到欲望的驱使，甚至因此导致情绪失控，只会让我们的人生如同脱缰的野马，最终不知驶向何处。

朋友们，成功的路上总是充满荆棘，充满泥泞。与其因为这些难以避免的坎坷挫折而颓废沮丧，不如正视这些困难，成功超越困境，如此才能成为人生中真正的强者。否则，失败就会成为笼罩在我们内心深处的雾霾，彻底遮蔽我们人生的阳光。记住，只要我们足够强大，在成功的道路上始终满怀希望和信心，成功一定会青睐我们！

赶走人生的雾霾，让自己每一天都阳光明媚

生活中，有几个人能够一帆风顺呢？大多数人始终都有自己的烦恼，其中不乏有些人总是对自己怨声载道，对生活极其不满。其实，假如想要获得成功，实现梦寐以求的目标，如此消极悲观只会产生负面的作用。真正的人生强者，在面对人生的挫折时，只会鼓起勇气，让自己满怀信心和希望，从而让自己积极乐观地面对生活，绝不懈怠人生中的每一分钟，让人生变得更加充实、美好。

世界著名的音乐家贝多芬，一生之中饱受生活的磨难，甚至在音乐事业达到顶峰的时候，失去了音乐家赖以为生的听力。这样的打击无疑是致命的，但是贝多芬从未放弃过，而是勇敢地站起来承受命运带来的痛苦，以顽强不屈的毅力与命运抗衡。他曾经说过，一匹真正的骏马是不会因为被苍蝇咬了几口就放弃奔跑的。人生中的强者也是如此，遭遇一次或者几次失败，都不能使他们放弃对人生的希望和渴望，也不会让他们就此偏离人生的轨道，更不会让他们自暴自弃，破罐子破摔。相反，他们总是能够保持内心的淡定平和，因而也就能够真正做到悦纳人生，坦然接受人生的一切馈赠，或者是幸福美好，或者是艰难挫折。总而言之，人生不如意十之八九，我们不能把人生的各种困境当成是从天而降的拦路石，而要把它们视为人生路上理

所应当的存在。就像一条路上总会有河流，因而就有小桥；总会有高山，因此就有山路十八弯一样。人生的道路也正因为有了这些障碍的存在，所以才显得不那么枯燥乏味。

对于任何人而言，唯有拥有钢铁般的意志力，才能够不断战胜人生路上遇到的重重困难，从而鞭策和激励自己不断向前，向前，再向前。如果一旦遇到小小的困难就放弃了，那么人生必然止步不前，还会蒙受巨大的损失。

当然，在人生的路上，因为境遇和遭遇的不同，人们的情绪也时起时伏，难以捉摸和判断。在任何情况下，我们必须成为人生真正的强者，同时控制好自己的情绪，才能让自己人生的每天都阳光明媚，充满希望。

有一天，担任陆军部部长的斯坦顿气呼呼地来到林肯的办公室，大声说有位少将对他毫不尊重，还用侮辱的话辱骂他。听到这里，林肯也马上激动地说：“既然如此，你一定要不遗余力地骂他一顿，这样才能解了心头之恨。”在林肯的建议下，斯坦顿马上坐下来，找出纸和笔，当即就提笔写了一封措辞犀利、毫不客气的信。写完这封信，斯坦顿还将其拿给了林肯看。林肯看了之后，连声称赞：“对，对，太好了，就是要这么写！真解恨啊，你可真是骂人的高手，读起来让人心潮澎湃，而且特别解气！”

这时，斯坦顿找出一个信封，正当他准备把信装到信封里时，林肯制止他，并且问：“你这是要做什么呀？”斯坦顿丈二和尚摸不着头脑，莫名其妙地说：“当然是贴上邮票寄出去！”不想，林肯此时却一本正经地说：“别胡闹了！赶紧把这封信撕掉，然后扔到垃圾桶里，就像你从未写过这封信一样。你刚才正在气头上，写的信怎么能寄出去呢！我每次生气时写的信，最终的去向都是垃圾桶。你这封信写得多好啊，写完信你也就发泄完了心中的怒气。既然你已经心平气和了，何不现在就马上写第二封呢？这样才能圆满解决问题。”

从林肯对于生气时写信的处理方法，我们不难看出他是一个能够成功控制自身情绪，因而也拥有好人缘的人。对于自己的负面情绪，林肯不愿意让其成为事情进一步恶化的导火索，因而采取写信发泄的方式将其彻底宣泄掉，等到恢复了心平气和，再正式写信解决问题。这一点，不但值得斯坦顿部长学习，也值得我们每一个人学习。

要知道，生活中很多最终闹得无法收场的事情，其实都是因为我们不能控制好情绪，最终导致恶劣情绪不断酝酿和发酵，使得事情也陷入不可解决的僵局中。从个人修养的角度来说，能够控制情绪的人无疑都拥有极高的修养。面对生活中各种各样的突发状况，以及和他人相处过程中的不愉快，我们一定不能放任情绪不管不顾，而是应该采取积极无害的方式宣泄情绪，从而也使得我们与他人的交往更加平和愉快。

我们常常说要成为人生的强者，殊不知，真正的人生强者不仅拥有超强的能力，更重要的是要拥有控制情绪的能力。如果说弱者让情绪控制行为，那么强者则是用行为控制情绪，从而能够成为自身的主宰，不至于因为情绪失控做出让自己追悔莫及的事情。尤其是在与他人交往的过程中，控制好情绪不但能够帮助我们自身拥有好心情，也能消除他人心中的顾虑和不快，从而使交往更加和谐融洽。

好汉不提当年勇，重要的是过好当下

人们常说好汉不提当年勇，其实这句话的意思就是让人们不要一味地沉浸在过去的光环中，导致错失了美好的今天。的确如此，过去的不管是好的还是坏的，都会在时间的沉淀中变为历史。我们唯有尽力往前看，才能在人生的道路上不断创造辉煌，勇攀高峰。

同样的道理，我们既不能一味盯着过去，也不能总是为了未来杞人忧天。真正的明智者，总是清楚地知道人生就要活在当下。只有过好现在的每一天，我们才能拥有无憾的过去，也才能拥有绚烂的未来。否则，如果一个人因为沉湎于过去而忘记了今天应该付出努力，或者因为无限憧憬未来，导致人生中不停地错过当下，那么最终的结果必然是竹篮打水一场空。

在通常情况下，一个人暂时取得成功的确会引人注目，甚至是令人羡慕。然而时间是一剂神奇的药，不但能够帮助人们抚平创伤，也能够使人们的辉煌渐渐淡去，让人最终依然要脚踏实地地回到现实生活中来。也许，我们曾经因为过往的荣耀，导致对于现在的生活极其不满意，也因为曾经的优秀就自以为一定能够继续优秀下去。殊不知，人生需要的是轻装上阵，当我们背负了太多沉重的负担在人生路上执着前行时，就会被那些曾经不如我们的人远远赶超。所谓人生如同逆水行舟，不进则退。我们必须时刻保持警醒和上进的状态，才能跟得上时代的潮流，才不会因为沉迷于过去而错失良机。

作为一名计算机博士，林峰刚刚到美国的时候心气很高，以为自己凭着学历和能力，一定能找到理想的工作。然而，他足足奔波了半个月，也没有任何收获。在随身带着的盘缠都快花光了的情况下，他被逼无奈，只好来到一家职业介绍所填写了资料。他没有写上自己的高学历，也没有出示任何学历学位的证件，只是以一个最普通而且最低的身份进行了登记。

原本林峰只是想试试而已，却没想到第二天就接到了职业介绍所的通知，让他去一家公司进行面试。到了这家公司之后，林峰才发现该公司是想招聘最初级的程序员，尽管这对于他这个大博士而言是大材小用，但是他丝毫没有声张，而是坦然接受了这份工作，并且在工作中勤奋刻苦，认真卖力。有一次，一个编好的程序因为有漏洞，被客户退了回来。老板很着急，因为客户限定他们必须在一天之内解决问题，否则不会支付任何费用。看着老板急得如同热锅上的蚂蚁，林峰说："老板，让我试试吧！"老板半信半疑地看着林峰，因为一时之间也想不出更好的解决办法，因而就同意了。正所谓行家一出手，就知有没有。林峰轻而易举地就解决了漏洞，老板不由得对他刮目相看。这时，林峰拿出自己的学士学位证书，老板马上提拔了他。

在随后的工作中，林峰深得领导器重，他的很多建议也都被领导采纳了。由此，老板说："林峰，你可不像那些眼高手低的大学生，你堪称专家。"这时，林峰又拿出硕士学位证，老板简直觉得自己挖掘到了宝贝，喜不自禁，当即再次提拔了林峰，让其担任技术总监。大概半年之后，林峰俨然已经成为公司里的大拿，不管在计算机上有什么问题，他都能很好地解决。后来，在老板再三地追问下，他才承认自己是计算机博士，老板当即宣布提拔林峰为公司副总。

事例中的林峰开始拿着博士学位证书很难找到工作，最终却在这家公司实现了三连跳，直至坐上了副总的位置，这一切都得益于他从未因为以前的成绩而感到骄傲，而是能够放低姿态，努力地从基层工作做起，一切都重头开始。

就像建立新世界必须先打破旧世界一样，一个人要想取得新的成就，必须首先打破曾经的自我，尤其不要因为那些当年勇而无法正确认识自己，总觉得自己高高在上，是个难得的人才。真正的强者从来不会自我标榜，他们很清楚事情是做出来的，而不是吹嘘出来的，只有把事情真正做到实处，落实到实处，我们才能真正展示出自己的实力，从而做到最大限度地发挥自身的能力，创造辉煌的人生。

当我们得到荣誉时，也会同时得到鲜花和掌声。殊不知，失败是成功之母，成功更应该是成功之母，如此才能孕育出更伟大的成功。倘若我们总是在成功中自我沉醉，那么就会失去再接再厉的好机会。在追求成功的道路上，一时的荣耀并不能代表什么，我们唯有更加积极主动地奋进，才能将荣誉作为人生的推进器，实现人生的持续进步，获得人生中更大的成就。每个人只有坦然面对荣誉，该放下的时候放下，该忘记的时候忘记，该争取的时候不遗余力地争取，才能让荣誉成为人生的助燃剂，帮助自己实现人生的灿烂辉煌。

聪明人从不用别人的错误惩罚自己

生活中，总有些人特别爱生气。他们常常因为别人无心或者有意的错误气得不行，却不知道生气是在用别人的错误惩罚自己，即在蒙受别人的错误带来的实际损失之后，我们还要因为他人的错误使自己气得七窍生烟。古今中外，因为生气致死的事例屡见不鲜，由此可见生气是一个人对自己施加酷刑，而对那些真正犯错误的人根本不会起到任何作用和影响。由此一来，生气的负面作用可见一斑：用别人的错误严厉惩罚自己，导致自己身心皆受到怒气的伤害，而真正的罪魁祸首却逍遥法外，丝毫没有受到任何惩罚，说不定还偷着乐呢！

古人云，气大伤身，在人的七情中，怒气是最伤肝的。老话说，不能生气的人是蠢货，不去生气的人才是真正聪明。既然生气对我们的身体健康和心理健康影响如此之大，为何我们还总是因为一些不值一提的小事生气呢？冲动是魔鬼，当人们被愤怒冲昏了头脑时，智商和情商都会瞬间降低很多，导致人们气愤之余口不择言，什么解气说什么，只为逞一时口舌之快，最终却因为不恰当的情绪宣泄导致事态更加恶化，也使得事情更加难以解决。

为了验证怒气对人的不利影响，美国著名的心理学家艾尔玛曾经专门进行过一个实验。为了收集人们在各种不同状态下呼出的“气”，他把一只玻璃管插在零度的容器中。最终，他发现人们心情平和的时候呼出的气凝聚成水之后，表现出清澈的颜色，毫无杂质；人们在悲痛万分的情况下，呼出的气凝聚之后，则出现了白色的沉淀；人们在盛怒之下呼出的气凝聚成的水，则呈现出紫色，原来其中含有紫色的沉淀。当他把这种呈现出紫色的水注入到小白鼠体内之后，小白鼠很快就死了。艾尔玛由此得出结论，一个人如果长期处于生气的状态下，一旦生气的状态超过六个月，就会至少减少两三年的寿命。

从艾尔玛的实验中我们不难得知，人在生气的状态下身体会分泌出有毒的物质，导致人的身体受到极大伤害。生气不但伤害肝肺，而且会引发甲亢，如果女人总是生气，还会诱发色斑。除此之外，生气对于人体其他方面也有很大的负面影响，诸如导致胃溃疡、心肌缺氧，使全身的免疫力都下降，也使人的思维变得迟钝，这主要是因为怒气会加速脑细胞的衰老过程。既然生气对于人有百害而无一利，我们为何还要生气呢？相信真正的明智者在了解生气的坏处之后，一定会努力调整自身的状态，从而帮助自己恢复情绪的平静，使身体处于稳定和谐的状态。

曾经有个年轻人因为失恋一直无法走出阴影，终日郁郁寡欢。有一次，他正愁眉苦脸地坐在公园里，有位智者经过他的身边，对他说：“年轻人，你怎么了，看起来愁眉苦脸的。”年轻人似乎要哭了，说：“我很生气，也很伤心，我不知道我的女朋友为什么要离我而去。”智者哈哈大笑起来，年轻人恼羞成怒，说：“你这个人不安慰我也就罢了，居然还嘲笑我。你难道没有同情心吗？”智者不以为然地说：“我为什么要安慰你啊，你又没有什么损失，相反你应该为失去了一个不爱自己的人而高兴啊！反倒是你的女朋友，她失去了一个深爱她的人，生气和伤心的人应该是她！”

听了智者的话，年轻人恍然大悟，再也不为了失恋而郁郁寡欢了。他很快投入了新生活，不久之后又认识了一个女孩，与女孩坠入了爱河。

在这个事例中，年轻人之所以感到生气，就是因为他爱着的女孩离开了他。智者却一语道破天机，的确，一个人失去了一个不爱自己的人，从而让自己有可能找寻到人生的真爱，岂不是幸运吗！反倒是那个女孩，失去了深爱自己的人，以后也未必能够找到那么爱她的人，更应该为自己担心呢！

很多时候，让我们生气的都是一些不起眼的小事，我们之所以因为这些小事生气，就是因为思维变得僵化，不能做到自己开解自己，因而钻进了死胡同。只要我们能够及时地调整思路，摆正心态，这些让我们气愤的事情也就无法对我们造成伤害了。归根结底，气愤是一种情绪，因而它是否产生完全取决于我们的内心。当我们真正做到心态平和，心胸开阔时，就不会再用他人的错误惩罚自己，也不会导致我们的人生因为气愤而黯然失色。

人生路上，谁也不会永远是一路欢歌。面对人生的诸多苦恼和烦闷，只要将其放在一个大背景下，就能最大限度降低它们给我们带来的烦恼和伤害。朋友们，如果你再也不想轻易生气，也不想被他人的错误伤害，那么就从此刻开始让自己变得心胸开阔吧！每个人活着原本就要承受巨大的压力，我们唯有更加善待自己，才能充分享受人生！

戒除抱怨，勤于反省，人生才能一片光明

常言道，人生不如意十之八九。生活中，几乎每个人都有自己的烦恼，有些人非常羡慕他人的生活，殊不知他人也有烦恼，只不过是没有表现出来而已。对于生活的不如意，人们的反应也是截然不同的。有些人喜欢抱怨，哪怕只是因为天上下了雨，或者走路崴了脚，他们也会抱怨连天，既不原谅自己，也不原谅他人。从这一点不难看出，本身就爱抱怨的人，他们随便找个理由就会不停地抱怨，这与事情本身的责任划分也许没有任何关

系，似乎只有抱怨才能排遣他们心中的郁闷情绪，使他们恢复暂时的平静。然而，暂时的平静之后呢？也许接下来就是无休止的烦恼，和人生的黯然失色。

抱怨从本质上来说对于解决问题毫无益处，只是一种宣泄而已。此外，抱怨还是一种惰性的表现，大多数人在抱怨之后内心暂时平静，但是很快就会发觉问题并没有得到任何缓解或者解决，因而内心会更加焦灼不安，也会导致人生从此陷入困境。与其被毫无作用的抱怨限制我们的进步，不如把抱怨的时间用来反思自身。的确，每个人在人生之中都有可能面临各种各样的坎坷和困境，只有心平气和地接受失败，站在失败的阶梯上不断进取，才是智者所为。

想要抱怨的人总能找到各种理由和借口，这也就注定了如果我们不能摆正心态，就会被抱怨纠缠不止。例如房子没有别人的大，车子没有别人的贵，老公不如别人的英俊帅气，孩子的学习也不如别人的好，这些都是抱怨的绝佳借口。由此不难得出一个结论，如果想要彻底摆脱抱怨的阴影，我们就必须摆正心态，从内心杜绝抱怨的发生，如此才能坦然从容地面对生活，得到生活的馈赠和礼遇。

大学毕业后，杰米进入一家电器公司，成为了一名电器推销员。刚刚工作了一个多月，他就开始抱怨连天。他很生气地对朋友说："我可是大学生啊，比起那些高中没毕业就来卖电器的同事们，怎么也稍微高明点儿吧！但是我的老板一点儿都不把我看在眼里，反而总是挑剔和苛责我，根本意识不到我的价值。我已经决定了，假如老板还是不重用我，我就辞职走人！"这时，朋友马上表示赞同："杰米，你说得太对了，你的大学可不是白上的呀，肯定比那些高中没毕业的同事不知道高明多少。假如你辞职，我一定支持你，不过我觉得你辞职之前最好给老板点儿颜色看看，让他因为你的辞职痛心不已，后悔不及，这样才是对他最大的惩罚。"

杰米有些愣住了，问："那么，我应该如何做才能让老板懊悔呢？"朋友想了想说："你想啊，假如你现在辞职，老板一定不会觉得损失惨重，毕竟你才来到公司没多久，他还没有深刻意识到你的价值呢！我想，你至少应该继续留在公司几个月，这样你可以让自己的销售业绩得以提升，也能够借此机会多多与客户接触，从而为自己积累宝贵的经验和客户资源。等到时候你再突然离开公司，老板不但失去了一名优秀的员工，而且失去了宝贵的客户资源，一定会悲痛欲绝的。"听到朋友的好主意，杰米不由得拍手叫好，连声说："你这个主意真的太好了，我举双手赞成。这样吧，我现在就回去努力工作，一定要让老板为我的离开痛心疾首。"

在此后的几个月时间里，杰米再也没有抱怨过，而是埋头苦干。眼看着半年的时间过去了，朋友问杰米："你现在觉得如何？"杰米笑着说："我觉得老板已经渐渐意识到我的价值了，不但要给我加薪，有可能还要提拔我当主管呢！"朋友佯装惊讶地说："真的吗？那你还准备辞职吗？"杰米把头摇得像拨浪鼓一样，说："待遇这么好，我可不会傻到去辞职。我决定了，以后一定好好干，不再抱怨，也不再动辞职的心思了！"

在这个事例中，杰米之所以能够改变老板对他的态度，就是因为他停止了抱怨，为了报复老板而埋头苦干。殊不知，这恰恰是老板最愿意看到的，杰克也因此令自己变成了能够得到老板赏识和重用的员工。由此一来，他的职业生涯发生了重大的改变，他的人生也将因此而增色不少。

每个人在人生的路上，都会遭遇挫折和坎坷，也很有可能暂时受到不公正的待遇。尤其是在职场上，绝对的公平是不可能存在的，我们只有摆正心态，努力提升和完善自己，以不变应万变，才能最终赢得上司的认可和赏识，也才能为自己赢得更多的人生可能性。

在任何情况下，抱怨都是无能的表现。要想获得成功的人生，成为人生中真正的强者，每个人都要改变心态，从而让自己淡定从容地接受命运的安排，始终积极乐观地应对命运的随时改变。所谓兵来将挡，水来土掩，我的人生我做主。朋友们，从现在开始再也不要抱怨了，不管是对生活不满，还是因为工作中的问题觉得心理不平衡，我们与其把宝贵的时间用来抱怨，不如把时间都用来积极改变，会获得出人意料的收获！

宁停三分不抢一秒的人生，才能更从容不迫

会开车的人都对一句话烂熟于心，宁停三分，不抢一秒。的确，在川流不息的道路上，要想最大限度地避免交通事故的发生，最好的方法就是严格遵守交通规则，在遇到红灯的时候，宁愿停下来等待三分钟的时间，也不要争抢那一秒钟的时间。有的时候，这一秒或许就是健康与残疾的区别，甚至是亲人间的阴阳两隔。因而很多老司机都随着驾龄的增长，越来越小心，越来越胆小甚微。所谓初生牛犊不怕虎，反倒是那些新司机因为对路上的安全和危险一无所知，因而总是无视交规，也意识到不到路面上隐藏的危险。

其实，不仅仅是开车如此，在人生的道路上，很多人也如同高速行驶的汽车，恨不得把速度提升得快一些，再快一些，仿佛唯有如此，他们才能抓住人生的分分秒秒，做更多有意义的事情，也使自己的生命变得充实。然而，人生的道路并非总是平顺的，很多时候我们走着走着就会遇到障碍，或者是高山，或者是天堑，也或者是风雨泥泞。在这种情况下，我们是不顾一切地往前冲呢，还是停下来，以冷静理智的心分析客观存在的困难，从而找到最好的办法清除障碍，解决困难？

古人云，欲速则不达。这句话告诉我们，对于很多事情，过于着急反而无法起到良好的效果，唯有采取冷静的态度面对，再进行积极的思考，我们才能真正赢得人生的先机。所谓磨刀不误砍柴工，假如我们因为过于急于

求成，导致事与愿违，那么必然要付出更多的努力和代价。只有想明白这个道理，我们才能做到人生路上的宁停三分，不抢一秒，也才能在作足准备之后一招取胜，使得人生的道路更加平坦。

尤其是在为人处世的过程中，很多事情都需要我们慢火熬制，精心慢炖。假如我们在人生路上总是火急火燎，做事情不分大事小事，事无巨细地急迫求胜，那么必然导致人生的局促和逼仄，也会因为心急导致事与愿违。在与人交往的过程中，人与人原本都是陌生而又独立的个体，也难免会产生矛盾和纠纷。假如我们总是不分青红皂白就指责他人，也必然导致人际关系的紧张。真正的智者，不管待人处事都会留出足够的时间，这样一旦遇到突发状况就能及时解决，不至于因此弄得措手不及。就让我们放平心态，以炖的心态面对人生吧！尽管人生也需要时不时地急火爆炒，但是在大多数情况下还是需要文火慢炖的！

公元1799年，法国国力强盛，法国皇帝拿破仑一世调遣18000人的精锐部队，交由大将军马桑拿率领，朝着邻国奥地利进发，入侵奥地利。当时，法国军队实力雄厚，在整个欧洲范围内都所向披靡，几乎没有任何国家敢与法国军队对抗。很快，马桑拿率领精锐部队来到了奥地利的边界，在一座小城附近驻扎下来。这座小城叫弗雷其克，城内并没有军队驻扎，也没有任何力量能够与法国大军相抗衡。

马桑拿率领大军来到弗雷其克城外时，当天正好是复活节。将士们意气风发，斗志昂扬，几乎全都肆无忌惮地朝着城内的居民大声喊叫，无所顾忌。眼看着大兵压境，弗雷其克城里的居民全都聚集到一处，商量着关于投降的事情。然而，会议从早晨开到下午，依然毫无结果，谁也说不出个所以然来。最终，有位德高望重的老人说："既然今天是复活节，我们为何不专心致志地过节呢？与其把宝贵的时间用于讨论投降问题，最终却毫无结果，我们还不如放下这件烦心事，一起狂欢呢！从现在开始，我们就把可恶的法国军队交给上帝吧！”在老人的提议下，大家都觉得这样没有结果地继续讨论下去，的确没有意义。因而城内的各大教堂都敲响了做礼拜的钟声，所有的居民全都高高兴兴地欢聚一堂，开始唱起圣诗，庆祝复活节的到来。

这时，经验丰富的马桑拿将军敏感地意识到城内一定发生了什么事情，因为早前他们刚刚到达城外时，城内还是哭声一片呢。不过半天的时间，城内居然锣鼓喧天，居民们更是无所顾忌地狂欢，似乎等待在城外的不是侵略者，而是他们久别重逢的亲人。想到这里，马桑拿将军马上下令：“根据我的经验，城内肯定是有了援军，也许他们正想要迷惑我们进城，让我们全军覆没呢！”在与参谋们经过慎重商议之后，马桑拿当即下令撤兵，他们可不愿意冒着全军覆没的危险深入敌人的阵营啊！就这样，弗雷克城仅仅凭着钟声和歌声，就不费一兵一卒，让法国的大将军马桑拿下令撤兵，后来人们都把这件事情当成美谈，传说已久。

面对法国军队的大兵压境，弗雷克城的居民们自然高兴不起来，将要成为俘虏的他们非常为自己的前途担忧。然而，尽管这个问题迫在眉睫，却并非一朝一夕能够解决的。即便是商量了大半天，手无寸铁的弗雷克城居民们也无计可施。这时，一位聪明睿智的老人想出了好办法：既然不能改变事实，何不活在当下，过好近在眼前的复活节呢！这句话使每个居民的心中都豁然开朗，也使他们能够真正放下战争的威胁，从而尽情尽兴地度过人生中也许是最后一个平平安安的复活节。因而他们马上敲响教堂的钟，开始专心致志地投入复活节的狂欢和庆祝之中，如此一来反而使得经验丰富的马桑拿将军对城内的情况失去把握，最终为了安全起见，他不得不要求下令撤退，从而也使得弗雷克城的居民们暂时安全。如此充满智慧的人生选择，让人不得不钦佩，也不得不对老者豁达从容、淡定自若的人生态度竖起大拇指。

在漫长的一生之中，尤其是在纷繁复杂的社会上，每个人都有可能遇到不顺心、不如意的事情，还会遭遇突如其来的灾难。在这种情况下，我们与其惊慌失措，盲目地做无用功，不如摆正心态，坦然接受即将到来的命运。当你真的做到从容不迫时，你也就真正成为了人生的主宰，也成为了人生的赢家。

第13章 换一种态度，人生最有价值的是积极的心态

一颗掉在墙缝里的种子，既没有阳光雨露的滋润，也没有充足的土壤供它扎根，要想活下去，它就必须努力适应环境，把自己的根扎得深一些，再深一些，把自己的枝叶尽量向着天空中伸展出去，这样才能得到阳光的抚慰。不仅一颗种子的命运如此坎坷，作为万物的主宰，人类也同样要面临各种各样艰难的境遇，要突破绝境，获得生存的机会。要想最终获得好的成长和发展，最关键的在于要有积极的心态，以积极乐观面对各种变化，从而做到以不变应万变。

既然世界无法改变，我们唯有学会适应

在现实生活中，我们也许对于自己的现状并不满意，殊不知，这形形色色的现状恰如每个人截然不同的命运，并非偶然出现，而是有着一定的必然性。从心理学的角度看，一个人的生活状态是他生活态度的折射。因而，假如我们想要改变现状，就必须从心开始，改变自己的心态，由此才能从容面对无法改变的客观世界，使自身得到更好的成长和发展。

但遗憾的是，生活中总有些人非常执拗，他们常常因为遭受到小小的挫折就自暴自弃，或是因为有了一些成就就变得自高自大，最终不是妄自菲薄，就是自以为是，导致人生的发展渐渐偏离最初的目标，最终一事无成。其实，任何人在面对人生的困窘时，都应该随时调整自己的心态，从而更好地适应外部环境，成就自己。

其实，人的改变并不难。对于固执的人而言，也许思想的转变必须经历漫长的过程，他们甚至常常不撞南墙不回头，必须亲自经历了，亦或者撞得头破血流，才能懂得更加圆滑地面对人生。相比之下，有些人则心思活泛，很容易就改变了。其实一个好的改变并不难，只要我们发自内心地想要改变，并积极主动地寻求改变，改变就并非不可能。当我们怀着一颗积极向上的心，从容地面对生活时，生活自然也会给予我们丰厚的回报和馈赠。

马拉毕业于名牌大学的新闻系，毕业后进入了一家时尚杂志工作。由于她的本专业和时尚并没有太大的联系，再加上马拉本身对于时尚就很不敏感，而且她自己也很土气，搭配自身的服装都土得掉渣，因而她始终显得和杂志社的氛围格格不入。

最让马拉为难的是，主编是个典型的潮人，而且很多理念都特别先进，总是走在时尚的前沿，因而对于下属的管理也很另类，有的时候甚至会毫无征兆地就开始批评下属，丝毫不顾及下属的面子。有一次，马拉因为一份稿件完成得不够好，显得刻板生硬，所以被主编当着所有下属的面狠狠地批评了一顿。这让马拉觉得羞愧不已，甚至当即就写好了辞职报告。这时，平日里与马拉比较亲近的一位女编辑说："马拉，别冲动啊，现在经济形势不好，找工作不容易，而且，主编就是这样的人，等到习惯了你就不会难受了。你可以问问，社里每个编辑刚入社的时候，几乎都曾经被他骂得狗血淋头。"听了同事的话，马拉有些反省了，暗暗想道："既然我无法改变主编，也许可以改变自己呢！其实从某个角度来看，主编的高标准严要求也许是件好事，假如我经过努力能够完全达到他的要求，那么我一定能够获得很大的进步，也会迅速提升自己，使自己成为具有真才实学的人。"

怀着这样的想法，马拉不再因为主编的脾气暴躁而感到郁闷；相反，她严格要求自己，努力上进，不管对待什么工作都力争达到主编的要求，很多任务甚至高于主编的要求完成。如此一来，主编果然越来越器重她，随着她的飞速进步，也很少再声色俱厉地批评她了。

与其嫌弃上司过于严苛，不如从自身出发，努力提升和完善自己，这样一来，可谓一举两得。我们不但能激励自己不断进步，还博得了上司的认可和赏识，如此一来，人生也就柳暗花明了。事例中的马拉正是因为端正了自己的态度和想法，才能在短时间内迅速取得进步，也达到了主编的严格要求，最终获得皆大欢喜的结局。

朋友们，很多情况下外部的环境是很难改变的，这既包括客观存在的事实，也包括我们身边的人和事。与其为了这些不能改变的因素自寻烦恼却于事无补，不如让我们从现在开始就努力反省自身，提升和完善自我，这是比任何牢骚满腹和怨声载道都更加卓有成效的行为。

悲伤的心充满负能量，乐观的心才能笑对人生

假如从性格的角度对人进行划分，那我们可以把人分为悲观的人和乐观的人。正是因为如此截然不同的人生态度和性格特征，才导致了同样位于极端的两种不同人生。对于乐观的人而言，人生应该充满积极向上的动力，这样才能更加奋进；对于悲观的人而言，人生中则总是悲哀伤心的事情，环绕在人们身边的总是失望，甚至是绝望。因此，每个人都应该把负能量从心中驱赶走，这样才能怀着一颗乐观的心笑对人生，也才能在遭遇人生的坎坷困境时始终满怀希望，绝不放弃。

细心的人会发现，生活中那些始终面带微笑的人，或者是经常开怀大笑的人，很少遭遇一连串的悲催。反而是那些总是愁眉苦脸、杞人忧天的人，他们真的会因为自己的担忧和烦恼，给自己带来无穷无尽的麻烦。实际上，这从心理学的角度而言，是一种深层次的心理暗示，也因此通过心态给我们带来了不同的人生。

很久以前，有两个鞋厂的推销员都去非洲推销鞋子。从未走出国门、更不了解非洲的他们，到了非洲才发现那里的人根本不穿鞋子，不管男女老少全都赤裸着双脚。为此，一个推销员马上背起行囊打道回府，到了厂里更是悲伤地向厂长汇报："在非洲，从古至今，不管男女老少，从来没有人穿鞋子。所以不管我们的鞋子多么好，也不管它多么物美价廉，在非洲都不可能有市场。"而另一个推销员在非洲进行了深入细致的调查，而且翻阅了很多资料，结合现实情况，了解了非洲人对于鞋子到底怀有怎样的态度和心理。在进行完充分的准备工作之后，他乐观地写信向厂长汇报："厂长，非

洲对于咱们而言就像是一个大金矿。你简直难以想象，这里的人们从来不穿鞋子，也就是说这里没有任何人拥有哪怕一双鞋。由此可以想象，即便每人只买一双最便宜的鞋子，对于咱们而言也是巨大的商机。您现在就给我先发一批鞋子过来，要结实的、物美价廉的，我可不想一上来就用昂贵的鞋子把这些潜在顾客吓跑。等到他们渐渐认识到穿鞋子的好处时，我想他们一定很乐意拿出更多的钱来为自己购买一双更好的鞋子。”

从这个事例中我们不难看出，第一个推销员是个天生的悲观主义者。面对从来不穿鞋的非洲人，他几乎不愿意进行任何努力和尝试，就打道回府了，也彻底放弃了非洲市场。相比之下，第二个推销员是典型的乐观主义者。他面对从不穿鞋的非洲人，不但丝毫没有感到沮丧，反而因为看到了巨大的市场和商机而倍感亢奋。可以想象，凭借着这份热情和信心，他一定能够成功打开非洲的市场，成为第一个把鞋子带入非洲的推销员。

曾经，有一位父亲想要对自己的双胞胎儿子进行性格改革，因为他的大儿子总是积极乐观，而小儿子总是消极悲观。有一天，父亲花了很多钱，专门购置了一些五颜六色的玩具给小儿子，他想用这些玩具吸引小儿子，令他忘却一切烦恼和悲观的想法，全身心地享受玩具带来的乐趣。而大儿子，因为他总是积极乐观，哪怕没有任何玩具，也能够很开心地玩耍，因而父亲只是把他带到马厩里，就再也不管他了。

过了一个多小时，父亲悄悄地来到小儿子所在的房间，隔着门缝往里看去，结果出乎他的预料，原来小儿子正在伤心地哭泣呢！父亲不解地问：“难道你不喜欢这些玩具吗？”小儿子摇摇头，父亲又问：“那你怎么不玩它们，反而哭泣呢？”小儿子担忧地说：“这些玩具这么精巧漂亮，我担心它们总有一天会被玩坏的。”看着这个多愁善感的小儿子，父亲无奈地摇摇头。随后，他来到马厩，远远地就听到“咯咯咯”的笑声。原来，大儿子正撅着屁股在掏马粪呢，他一个人玩得不亦乐乎，甚至根本没有察觉到父亲来到了他的身边。

大儿子性格开朗，因此即使被扔在臭烘烘的马厩里，也能玩得很高兴。而小儿子呢，则性格悲伤，带有悲情色彩，即便一下子拥有了很多造型精巧、色彩艳丽的玩具，也因为担心玩具会被玩坏，根本提不起兴致来。从这两个孩子的身上我们不难得出结论，一个人境遇的好坏并非完全取决于外部的环境和客观世界，而是取决于他们的心态。即使面对同样的问题，悲观者和乐观者也会给出完全不同的反应，从而导致截然不同的命运。

其实，乐观者之所以乐观，并非因为他们拥有得更多，只是因为他们更懂得满足，也更加善于感恩。相反，悲观者即使得到了很多，也依然会因为觉得不满足而抱怨不止，最终使人生也陷入晦暗之中。打个比方，悲观者就像是一种具有传染性的细菌，不但会给我们身边的人带来负面消极的影响，最重要的是它也会影响我们自身，使我们失去前进的动力和勇气。从这个角度而言，悲观者对于自身的负面影响远远大于对他人的负面影响。只要我们能够摆正心态，始终满怀激情地面对人生，我们的人生就一定会充满阳光。

热情就像冬天里的一把火，燃烧了人生的沙漠

也许此时此刻的你正觉得生活就像白开水，那么寡淡无味，日复一日地重复着，没有任何新意和让人兴奋的事情。每天，你都像是在重复着前一天的经过，上班下班，吃饭睡觉，买菜洗衣，伺候孩子老人，如此千篇一律的生活，的确使人感到难以忍受。在这样的生活中，或许你已经习惯了，也不觉得乏味，或者你偏偏对此不满意，恨不得马上就改变现状，打破旧生活，重塑新生活。当然，有的时候人的惰性会在这样一成不变的环境中更加

凸显出来，甚至人生的所有棱角也都会被磨平，导致生命之火奄奄一息，在苟延残喘地挣扎着。

归根结底，要想拥有成功的人生，我们就必须始终满怀热情。热情就像是冬天里的一把火，能够燃烧人生的沙漠，使原本寡淡乏味的人生爆发出生命和活力，也展示出更加绚烂的光彩。正如一位名人所说的，生活中并不缺少美，缺少的只是发现美的眼睛。如今我们要说，生活中并不缺少激情，而是缺少发现激情的心，缺少释放激情的灵魂。

大学毕业后，静静和乔乔这对好朋友分道扬镳，静静去了大城市打拼，乔乔则回到家乡小县城当了一名小学老师。由此，原本起点相差无几的一对好朋友，人生突然间拉开了差距。转眼之间，几年的时间过去了，静静和乔乔都各自成家立业，静静也在大城市买了房子，有了安稳的家。乔乔呢，则因为回到了家乡，日子始终波澜不惊，每天都过着按部就班的生活，在学校和家之间两点一线。

眼看着就要春节了，静静全家人都回到家乡。她和许久未见的乔乔久别重逢，老友相见分外亲切。看着静静意气风发的样子，乔乔失落地说：“哎呀，看着你现在如此意气风发，我觉得自己的日子简直一眼望到死，没有一点儿盼头和念想。毕业都快十年了，我回头想想，觉得自己就像过了一天一样， 因为每天的生活都是完全一样的。”听到好朋友这么说，静静也感慨颇深，说：“乔乔，你还年轻，这么度过一辈子的确有些亏得慌。我觉得，你不如辞职和我一起走吧，虽然大城市开销大，但是最起码能开开眼界，也能多长点儿见识。”看到静静热心的邀请，乔乔为难地说：“不是我没有想过啊，也想过辞职，但是下不了决心。你说，我们现在已经这样了，习惯了这样混日子的活法，大城市压力那么大，真的怕吃不消，也怕混不下去，到时候可是想回来都回不来了呢！”

静静的老公感慨地说：“这就是人的惰性啊，在日复一日的生活中，惰性越来越强，再想动时，连自己心里的这关都过不了。”

乔乔已然失去了对人生的热情，现在的她完全习惯了千篇一律的生活，也不再奢望能够改变生活、改变命运了。和乔乔截然不同的是，静静因为从大学毕业后就在大城市打拼，所以始终热情饱满，满含着对生活的激情和热情。这样两个原本处于相同起点的好朋友，在人生的道路上就此分道扬镳，从此走上了完全不同的人生轨迹。

朋友们，我们有何理由对生活不满呢？至少我们还拥有健康的身体，我们每天清晨都能看到太阳从东方冉冉升起，夜晚还能看到满天的繁星，我们还有健全的身体，还有强壮有力的双手创造生活，这就是我们最大的幸运。

每个人活着都应该珍惜生命，就像那首《感恩的心》中唱的那样，我们也要学会感恩生命。把人生中的每一天都当成是生命中的最后一天去度过，既不留下遗憾，也要满怀宽容，这样才能始终保留对生活的热情，才能尽情感受生活的美。尤其需要注意的是，我们还应该让自己心胸博大，对整个人类都怀有博大的爱，这样才能拥有宽容平和的心境，也更能够接纳生活中些许的不完美。总而言之，朋友们，让我们点燃生命的火吧，让我们人生的沙漠从此绚烂起来吧！

主宰命运，你会发现不一样的自己

在人生中，不管你是强者还是弱者，都应该成为命运的主人，不要因为自身力量的弱小，就放弃对人生和命运的把控，更不要因此变得唯唯诺诺，随着命运的反复无常颠簸不安。每个人都应该是命运的主人，这才是人生的真谛。遗憾的是，生活中却总有很多人无法主宰自己的命运，他们或者受到权势的驱使，一生之中趋炎附势，或者受到金钱的奴役，在金钱的诱惑下迷失本性，随波逐流，甚至还有些人禁不住命运的再三考验和磨炼，最终选择了结束生命，把自己交给了虚无的“轮回”。

真正能够主宰命运的人，既不会被金钱驱使，成为金钱的奴役，也不会为了权力趋炎附势，失去做人的原则和尊严。他们拥有坚定不移的意志，面对任何诱惑都能够动心忍性，保持岿然不动，始终牢记自己的初心和人生的目标，永远也不迷失自我。人，归根结底要忠诚于自己的内心，一切的金钱权势都是身外之物，也许经过努力能够得到欲望上的满足，但最终会迷失本性，导致虚度人生。

有人说，人生的过程就是不断选择的过程，每个人在人生的漫长道路上都要不断地作出抉择，才能始终保持人生方向的正确性，也才能坚定我们的意志。尽管生活中有很多人都自以为了解自己，殊不知，对于自己而言，每个人都是最熟悉的陌生人，尤其是对于心灵深处、潜意识中深层次的思想和意识，我们往往更加不了解自己，往往需要事到临头，亲身经历了某些事情，才能突然洞察自己的内心。需要注意的是，任何时候在人生的大风大浪前，都不要随波逐流。我们必须牢记心中的目标，才能始终坚定不移地朝着目标前进，也才能真正把握自己的命运。

1801年，柏博罗和布鲁诺这对堂兄弟在村长的提议下，开始为村子里提水。他们都是很有野心的人，都梦想着能够成为村子里的富人，因而他们很在乎每桶水一分钱的报酬。不过村长付出这样的报酬也是有前提条件的，他们必须在一天的时间里把蓄水池灌满。

对于这份新工作，布鲁诺显然很满意，他不停地大喊大叫：“太好了，我们真幸运啊，居然找到了这份挣钱的好差事。”然而，柏博罗对此不以为然，他每天提水之后都觉得浑身酸痛，筋疲力尽，而且手上全都是水泡。为此，他开始想办法，想把河里的水通过管道，接到村子里。当听到柏博罗这个疯狂的想法时，布鲁诺简直难以相信，也根本不相信柏博罗能够实现这个梦想。为此，他马上想法设法地试图打消柏博罗的想法，恨不得能够一辈子都这样每天提一百桶水，挣一元钱。然而，柏博罗可不是一个甘于向命运屈服的人，他费尽口舌想要说服布鲁诺，但是布鲁诺很固执，根本不愿意妥协。为此，柏博罗开始独自计划，并且很快就付诸实践。

柏博罗很清楚，在他刚开始修建管道时，收入肯定会急剧下降，他也知道修建管道是一项漫长而又浩大的工程，根本不是一朝一夕就能完成的。然而一想到一两年之后即使坐在家里也可以收取报酬的前景，他又再次鼓起信心和勇气，不遗余力地努力干下去。看着柏博罗每天都在辛勤地付出，却不见成效，村里很多人都无情地嘲弄他。这时，布鲁诺已经用积攒的钱买了一头毛驴，因而不需要自己出力提水了。他的生活显然越来越好，不但买了新衣服，还经常去酒馆喝酒。此时此刻，柏博罗依然不停歇地挖掘管道，因为过度劳累，他看起来非常疲惫。他每天只能挖一英尺，繁重的劳动使他每天都要不停地告诫自己，今日的辛苦能够换来明日的幸福，也能够彻底改变命运，因而他才能持之以恒地坚持下去。日久天长，柏博罗已经完成了一半的工程，他似乎看到了希望的光芒，就在前方不远处。

当柏博罗的管道即将竣工时，布鲁诺的后背已经驼得厉害了。他步履沉重，看起来郁郁寡欢，似乎正在因为自己注定了一辈子都要运水而发愁。他时常在酒吧里喝醉，人们嘲笑他的驼背，称呼他为提水人。布鲁诺变得越来越沉默。这时，柏博罗的管道完工了。村民们惊奇地看着村外的水流进村子里，就连附近的村子也有人过来买水。就这样，柏博罗即使每天躺在家里睡大觉，也依然能够赚取很多卖水的钱，村子里也因为有外村人来买水，变得越来越繁华和热闹。

相比起柏博罗有规划有毅力的人生，布鲁诺的人生显然非常被动。他因为满足于每桶水一分钱的报酬，最终导致一辈子都在提水，累弯了腰，也累得失去了所有的生命活力。这个故事其实与中国的“愚公移山”的故事有很大的相似之处，我们必须记住，不管在怎样看似绝境的人生境遇中，我们都要有理想、有规划，更要有魄力马上展开行动，这样才能帮助自己赢得更多的机会，也赢得命运的转机。

朋友们，漫漫人生路上，你是想要当一个创建者，还要只愿意当一个被动接受命运安排的人？做人，首先应该成为自己命运的主人，为自己掌舵，最终才能成为命运的主宰，获得梦寐以求的人生。

成为欲望的主人，享受知足常乐的人生

这是一个物欲横流的社会，几乎每个人都生活在欲望之中，都在为了满足自己的欲望而不断地努力。也可以说，我们都处于一个欲望膨胀的年代，不但心中充斥着各种各样的物欲，心灵上也因为形形色色的奢求变得被动而又干涸。走在熙熙攘攘的街道上，有几个人不在追求名牌的时装和奢侈的消费，有几个人不想要住上大别墅，开上豪华的车子，每天都能享受山珍海味……即便是学生在学习上的勤奋进取，职场人士在工作上的不遗余力，也都是为了获得他人的认可和尊重，这同样是一种欲望的表现。

当然，并非所有的欲望都是对人生有害的，假如我们能够把欲望控制在合理范围内，那么欲望就能够不断鞭策和激励我们奋发进取，可以说合理的欲望与人生理想的作用相似，只不过人生理想是长期的，欲望则是短时的，甚至是眼前的。与合理的欲望相对应的，没有节制的欲望就像是深渊，人们一旦陷入其中，就很难脱身而出。诸如一个人做梦都在和朋友攀比，看到朋友刚刚买了豪车，他即便经济实力不够，也要想方设法地借钱或者贷款买车。除了打肿脸充胖子之外，这种行为有何积极的作用和意义呢！欲望就

像是人们内心深处的沟壑，永远也填不满。如果一个人被欲望驱使和奴役，就会永远停留在欲望的深渊中，最终失去理想，失去斗志，也失去对于人生的一切把控。

归根结底，每个人都会奔向同样的归宿。既然如此，我们又何必为了满足暂时的欲望，就忘却初心，乃至使自己遭人鄙视呢！一个人如果想要成为人生真正的强者，就必须努力成为欲望的主人，主宰欲望，如此才能拥有知足常乐的人生。

当然，毋庸置疑，只要活着，人人都是有欲望的。每个人都想过上幸福安乐的生活，都追求丰衣足食的日子，这也是完全可以理解的，也是人之常情。然而，一旦这种正常的欲望产生畸变，无限膨胀，就会成为畸形的欲求，导致我们被欲望驱使。尤其是在金钱和权势面前，很少有人能够抵挡金钱权势的诱惑，即便已经筋疲力尽，也依然削尖了脑袋往里钻，恨不得把生命透支，也要获得欲望的满足。这样的生活，让人感到身心俱疲。其实在生死面前，还有什么事是真正不可放下的大事呢？与其这样劳累一生，等到人生即将结束时才想明白其中的道理，不如尽早顿悟，也及时在人生的欲海中回头是岸。

自从和大丁结婚之后，小尹对于生活就极其不满意。原来，小尹是名牌大学生，大丁只是从名不见经传的大学毕业的，而且工作也很普通，就是个小小的公务员。如果不是父母非要让小尹嫁给大丁，她宁愿当个女光棍也不想就这样草草嫁了自己一生。

结婚之后，小尹和大丁的生活倒也平静。他们每天按部就班地上班、下班，但工资始终都处于低水平，因而只能过着捉襟见肘、时时刻刻都要算计的日子。一切，都从小尹单位里的一个女同事买车开始，他们的日子再也不平静了。原来，小尹的同事艾玛最近买了一辆车，花了二十多万。看着艾玛每天都开着车来上班，小尹羡慕不已，也自惭形秽。回家之后，她就和大丁唠叨着要买车，大丁却说："你离单位那么近，只有几里路，开车还不够麻烦的呢，哪里有骑电动车方便啊，五分钟就到了。况且咱们刚刚结婚不久，房子的贷款还没还完呢，也没有闲钱买车啊！"听了大丁的话，小尹很不满意，但是既然大丁坚决不同意买车，而且家里也没钱，她就不得不另想办法。

一个偶然的机会，小尹作为单位的会计，发现有一笔十几万的账目可以缓一个月再入库，她居然鬼使神差地拿着这笔钱，就擅自做主买了辆车。第一次开着新车回家的小尹，心中暗自窃喜，当看到这辆车时，大丁简直要崩溃了。他原本以为小尹瞒着他借钱买车，压根没想到小尹私自挪用了公款。要知道，对于财务人员而言，私自挪用公款可是要受到法律制裁的，为此，尽管大丁根本不赞同小尹买车，还是四处筹钱为小尹填补窟窿。

周末过去了，周一一早上，领导就问小尹那笔账目的事情，原来汇款的单位和领导通过电话，领导因而知道了这笔钱已经到账。由此一来，小尹慌张了，虽然她和大丁都在借钱，但是距离窟窿还差七八万呢！思来想去，她只好把事情向领导全盘托出，虽然领导最终决定不追究她的责任，但开除了她的公职。如此得不偿失为了面子的冲动行为，让小尹成了欲望的奴隶，在欲望的驱使下彻底毁灭了自己的人生。此时的小尹悔不当初，大丁也一气之下与她离了婚，面对支离破碎的人生，她懊悔不已。

常言道，人心不足蛇吞象。其实，小尹的人生还是很平顺的，也没有遇到太大的坎坷。但遗憾的是，在人生一帆风顺的时候，她根本不满意，直到因为欲望失去了原本的一切，她才幡然悔悟，意识到自己因为过于贪婪失去了人生中最宝贵的安稳幸福。

所谓知足常乐，正是告诉我们欲望是永无止境的，唯有保持内心的富足，我们才能恰到好处地控制自己的欲望，也才能满足自己的欲望。否则，一旦人生就像一条贪吃蛇那样永无休止地吃啊吃啊，永不满足，那么最终只会自寻死路。

如果你因为错过太阳而哭泣，你将会错过群星

一个人不可能抓住所有的机会，更不可能把所有的好事都尽收囊中。因而，常常有人因为生活中错过的事情感到后悔，甚至为此影响到自己的正常生活，这就得不偿失了。记得有位名人说过，假如你因为错过了太阳而哭泣，那么你终将错过群星。由此可见，后悔不但于事无补，还会导致我们错失更多。既然如此，我们还有必要后悔吗？还能继续后悔吗？答案当然是否定的。假如你不想因为错过什么而给自己带来更大的损失，那么在错过之后就不要一味地沉浸在后悔的情绪中无法自拔，否则你一定会失去更多，也会让自己陷入更深的后悔之中。

人生说漫长也漫长，说短暂也非常短暂。每个人都希望自己的人生了无遗憾，也希望自己的人生完美无瑕，殊不知，绝对的完美在这个世界上根本不存在。所谓的美好，只是人们对于生活的无限憧憬和渴望，也是人们面对生活中诸多瑕疵的自我安慰和自欺欺人。当然，这里所说的自欺欺人并非贬义词，而是代表着人们宽容的生活态度。这也并非说我们绝对不能后悔，假如每个人做错了事情都连想也不想，如何能做到积极地自我反思呢？没有反思，也就无所谓进步。所以说，我们还是要进行积极的后悔，从而从失败中汲取经验和教训，也帮助我们在未来的人生路上走得更稳当。与积极的后悔相对应的，假如我们一味地沉浸在消极的后悔之中无法自拔，那么当下的生活也会受到负面的影响，导致我们无法把握当下，甚至失去未来。生活中，因为沉浸在过往中懊悔不已，最终导致错失当下的人，并不少见。

大学期间，月亮和男友赵凯谈了四年恋爱。然而大学毕业后，因为赵

凯继续读研，月亮参加了工作，最终导致赵凯为了追求导师的侄女，放弃了与月亮的感情。当时，月亮痛苦得死去活来，不知道自己万分珍惜和重视的感情怎么就一下子烟消云散了。在很长的一段时间里，她都萎靡不振，对于爱情也彻底失去了信心，对于任何人给她介绍男朋友的事情都丝毫提不起兴致来。

直到一年多之后，月亮偶然认识了现在的老公马玉。马玉是个温文尔雅的男孩子，当时戴着黑框眼镜，就坐在月亮身边看电影。当看到可怕的镜头时，月亮不由自主地尖叫，突然有一只温热的大手攥住了她的手，手的温暖和舒适，让月亮瞬间怦然心动。转眼之间，十年过去了，月亮和马玉已然成为了老夫老妻，他们婚姻幸福，家庭和美，还有一个健康可爱的儿子。对于这样的人生，月亮感到无比满足，也觉得很幸福。在和马玉结婚十年之际，月亮在空间里写下："谢谢曾经的你没有下定决心娶了我，才让我拥有了如今幸福美满的人生。"从这句话来看，月亮俨然对于自己此刻的人生非常满意，这一切也都得益于她没有因为错过的一切沉浸在后悔之中，所以才能把握住手边的幸福，更没有错过人生的美好和缘分。

爱情的路上，谁也不知道谁是谁的谁，谁也不知道命运注定谁是谁的谁。也许月亮曾经因为男朋友的决然离去而痛不欲生，但她最终还是回到人生的正轨，更没有因为人生曾经的苦恼，就导致一生都陷入悲情之中。所以月亮应该感谢的不是那个当年没有下定居心娶她的人，而是需要感谢自己的坚强和决绝，以及开始新生活的勇气和信心。

假如你因为错过太阳而哭泣，那么你最终也会错过群星。人生是短暂的，所谓覆水难收，面对无法改变的事实，除了接受以外，我们还能做些什么呢？唯有拥有重新开始的勇气，我们才能坦然忘却遗憾和悔恨，从而张开怀抱迎接新生活的到来。人生，需要拥有豁达的勇气，一切才能重头开始！

第14章
做生活的管理者，让自己拥有高质量的生活

总有一些人喜欢拖延，他们不管做什么事情都一拖再拖，很难马上展开行动，由此也就贻误了最佳时机，导致事与愿违。众所周知，生命是非常宝贵的，每个人的生命都只有一次，而且绝不可能重新来过。因此，我们必须改掉拖延的坏毛病，成为时间的管理者，才能让自己拥有高质量的生活，让生命变得更加充实。

时间就像海绵里的水，挤一挤总是有的

时间是组成生命的材料，因而如果我们珍惜宝贵的生命，想把生命过得充实而有意义，就应该从珍惜时间开始。大文豪鲁迅先生说过，时间就像海绵里的水，挤一挤总还是有的。由此我们不难看出，一个发自内心想要珍惜时间的人，总是能够找到分分秒秒的零碎时间，让自己的人生更加充实地度过。

遗憾的是，生活中总有些人浪费时间，他们或者因为年轻觉得有大把的时间可以挥霍，或者根本不知道如何才能珍惜时间，更有些人是因为做事情缺乏条理性，因而很难把事情按照轻重缓急进行区别，也就无法做到节约时间，珍惜生命。当然，这是主观原因导致的浪费时间，从客观的角度来说，我们的时间也遭遇被动浪费。例如，生活中遇到熟人来家里做客，不停地扯闲篇，白白浪费了宝贵的时间；或者工作中上司开会，每次都要开很长时间，导致时间悄然流逝；再或者上下班途中的堵车，都是浪费时间。诸如此类的因为他人原因或者客观原因导致的浪费时间，都属于客观地浪费时间。因而，要想成为一名合格的时间管理者，充分利用人生每一分钟每一秒钟的时间，我们就必须深刻认知和把握时间的规律，从而真正成为时间的管理者，利用宝贵的时间充实生命，实现人生的远大理想和目标。

中国著名的文学家和思想家鲁迅，一向非常珍惜时间。关于时间，他有一句名言，给了世人巨大的警醒——“时间就是生命，无端地空耗别人的时间，无异于谋财害命。”从这句话不难看出，鲁迅先生不但非常珍惜自己的时间，也反对浪费他人的时间。

在短暂的一生中，鲁迅之所以能够给世人留下无数优秀的作品，著作等身，就是因为他特别珍惜时间，而且把别人喝咖啡、闲聊的时间都用于学习和工作，所以才能不断充实和提升自己。在北京时，鲁迅先生更是把大诗人屈原的两句诗挂在自己的卧室兼书房中——望崦嵫而勿迫，恐鹈鴂之先鸣。意思是说，太阳都日落西山了还不感到着急，只怕一年的光阴又会悄然流逝，报春的杜鹃很快就会开始鸣叫了。可以说，鲁迅先生在五十六年的生命旅程中涉猎广泛，著译等身，这与他惜时如命的精神是密不可分的。

作为英国历史上最杰出的戏剧家，莎士比亚也以珍惜时间闻名。从少年时代在学校学习时，他除了完成老师布置的功课之外，还挤出点点滴滴的空闲时间，读了很多经典的书籍，甚至对其中的很多剧本和诗句都能做到倒背如流。

莎士比亚从小家境富裕，因而经常观看戏剧演出，有的时候还会自编自导自演剧中的情节，对于戏剧的兴趣也越来越浓厚。后来，因为家道中落，他不得不在十三岁的时候就独自谋生，为此吃足了苦头，也饱尝生活的艰辛。恰恰是在这个过程中，他对生活有了更深刻的感悟，对于生活在社会底层的各种行业的人，也有了更加细致入微的观察。这为他日后的戏剧创作积累了丰富的生活经验和人生阅历，也使他未来的创作更加富有深度。

当然，繁忙劳累的生活的确使莎士比亚非常忙碌，这样一来他用于学习的时间就很少了。为此，他想法设法节约时间，多读戏剧作品，也争分夺秒地去剧院里看演出。渐渐地，莎士比亚开始在戏剧演出中承担一些小角色，对于他而言，这无疑拉近了他和戏剧演员之间的距离，使他和戏剧舞台更加接近。

后来，因为欧洲瘟疫爆发，剧院老板和演员们全都仓皇外逃，躲避瘟疫，莎士比亚却主动留下来看守剧院，并且借此机会阅读了大量戏剧作品，还开始了新剧本的创作工作。由此一来，他丝毫没有因为瘟疫停下自己前进的脚步，等到英国经济复苏时，他的剧本一炮走红，他还因为饰演剧本中的角色成为了著名演员呢！

大文豪鲁迅先生之所以涉猎广泛，著作等身，就是因为他能够争分夺秒地珍惜时间，所以才能在短暂的一生之中创造巨大的价值。著名剧作家莎士比亚在家道中落之后，一边辛苦地工作养家糊口，一边还要挤出时间来学习戏剧的创作和研究，他更是想法设法，帮助自己得到更多接触戏剧的机会，最终才能成为举世闻名的戏剧作家。

朋友们，人生短暂，时间总是悄悄地从我们的生命中溜走。我们既然不知道生命的历程会有多长，不如从现在开始珍惜时间，努力增加人生的宽度和厚度，让人生变得充实而又厚重，如此一来，我们也就拥有了更加丰盈的人生。

唯有勤奋，才能让人生变得更加充实

对于任何成功的人生而言，如果离开勤奋，只怕人生的收获会变得迥然不同。可以说，一切的成功都以勤奋为基石，唯有勤奋，才能帮助我们在人生的道路上辛勤耕耘，挥洒汗水和泪水，也才能帮助我们告别懒惰，更加珍惜生命中宝贵的每分每秒。

尽管时代在变迁，但是勤奋对于人生的重要意义和影响，始终不曾改变。从古至今，那些最终在人生中获得伟大成就的人，无一不是勤奋刻苦的人。可以说，勤奋是人生最大的资本，甚至远远比聪明能干更加重要。倘若聪明的人只有小聪明，且缺乏持之以恒的精神，那么最终就会因为失去勤奋的支撑，导致一事无成。常言道，一勤天下无难事，意思就是说，勤奋能够帮助我们战胜人生中的艰难坎坷，也能使我们摆脱人生的困境，从而向着目标奋进。

在大自然中，诸如蜜蜂，历来被当作勤奋的代表。我们也应该像小蜜蜂一样，辛辛苦苦采蜜忙，才能让人生得到更加丰硕的收获和回报。

汉朝时期，小小年纪的匡衡勤奋好学，特别喜欢读书。然而，因为家境贫寒，匡衡白天必须跟随父母下地干活，只有到了晚上，他才能坐下来认真读书。然而，匡衡的家里是在太穷了，父母根本买不起昂贵的灯油，匡衡只能眼睁睁地看着时间白白浪费，心急如焚。有一天，匡衡无意间看到邻居家里发出明亮的光，原来，匡衡家的邻居生活富裕，每当晚上就会在各个房间点燃油灯，把屋子里照得亮如白昼。匡衡思来想去，向邻居提出了不情之请："我家实在太穷了，买不起灯油，能否请您允许我借您家里的方寸之地，我只要靠着窗外读书就可以。"不想，为富不仁的邻居非但不允许匡衡借着窗外的方寸之地读书，反还无情地讽刺匡衡："你天生就是穷人的命，既然连蜡烛都买不起了，还读书做什么呢！我看啊，你还是老老实实地认命吧！"匡衡受到邻居的冷嘲热讽，很生气，因而从此之后更加发奋读书，发誓一定要改变自己的命运。

他偷偷地在和邻居共用的墙壁上凿了一个小洞，这样一来，邻居家的光就会透过小洞投射到他的书本上。每天晚上，他都借助于这微弱的灯光，如饥似渴地读书，直到读完了家里所有的书，他依然觉得自己必须更加勤奋努力。为此，他想法设法四处借书，直到听说有个大户人家藏书丰富，因而他毫不犹豫地卷起被子来到大户人家，对主人说："听说您家里的书很多，我愿意来免费给您干活，只要您允许我读您家里的书。"主人被匡衡热爱读书的精神感动，当即答应了匡衡的请求。从此之后，匡衡饱读诗书，进步神速。也正因为如此，他后来才能成为大名鼎鼎的学者，官至丞相，成为了汉元帝的得力重臣。

任何人要想有所成就，除了自身的良好素质之外，都需要以勤奋作为人生的基石。假如事例中的匡衡不是如此努力，能够凿壁偷光，刻苦读书，也就只能接受命运的残酷安排，一辈子面朝黄土背朝天。可以说，匡衡正是凭借着努力才改变了自身的命运，也才能够成为人生赢家，得到人生的丰厚馈赠。

对于任何人而言，勤奋都是通往成功的必经之路。假如没有勤奋，即便是天赋异禀的人，最终也会湮没在命运的洪流中，更无法成功改变命运。勤奋是打开成功道路的钥匙，更是人生之中最宝贵的品质。所谓勤能补拙，这充分意味着一个人即使不够聪明，只要坚持勤奋努力，也一定能够获得梦寐以求的成功。因而朋友们，再也不要以自己不够聪明为借口了，只要我们从现在开始更加勤奋，持之以恒地努力，人生一定会有所收获！

行动是治疗“拖延症”的良药

生活中有很多人都是“拖延症”患者，只不过因为症状太过普遍，因而没有敏锐地自我觉察到。你是否曾经在吃完晚饭之后想着休息半个小时去洗澡，却因为看到一个精彩的电视节目，直到吃完饭之后两个小时，你依然端坐在电视机前目不转睛，最终不得不匆忙地简单洗漱，就上床睡觉；假如你是学生，你是否把作业一再地拖延，从下午五点放学到晚上十点，你都没有成功地完成原本只需要一个小时就能完成的作业；假如你是妈妈，你是否一直承诺要给孩子做一顿大餐，却因为再三拖延，导致从孩子开学到放暑假，一直也没有吃到你所谓的大餐……生活中，拖延几乎无处不在！

当然，前文所说的都是因为性格导致的拖延，生活中还有些拖延并非因为性格，而是因为准备工作战线拉得太长，因而导致过分地准备，也使人对原本即将做的事情失去热情。例如有一对年轻的情侣想要结婚，他们首先决定买房子，因而要攒钱，这需要花费几年的时间；又突然想到结婚必须去度蜜月，又开始考虑哪里适合度蜜月；他们甚至还想选一个有意义的好时间领证，所以也必须继续等下去……如此不停地等来等去，直到几年的时间过去，他们不但房子没买成，而且对于结婚更是丝毫提不起兴致来，甚至最终选择了分手。无疑，这是拖延症患者的悲哀。那么，如何才能治疗拖延症，从而让我们的生活更加顺遂、如愿以偿呢？事实证明，马上行动是治疗拖延症的良药。不管是任何人或者是任何事情，一旦开始行动，就会被事情的发展不断推动向前，也因而能够得到更多意料之外的机会，从而帮助我们的人生赢得新的契机，使收获更加丰硕。

一直以来，哈瑞都想根据自己的成长经历写一本小说，然而他总觉得时机还不够成熟，因而几次想要拿起笔，又几次都放弃了。直到五十岁，哈瑞的小说计划已经搁浅了二十多年，他也没有写出哪怕是一个字来。

一场意外的车祸，让哈瑞严重骨折，他也许要在床上躺一年，才有可能恢复自如行走的能力。面对突然被禁锢在床上的生活，哈瑞当然觉得寂寞无聊难以忍受，因而他又计划开始动笔写小说。然而几天的时间过去了，他俨然已经习惯了躺在床上无所事事看电视的感觉，因而他依然没有拿起笔。一个偶然的机会，朋友来探望哈瑞，问：“嗨，我可是期盼你的小说很久了，既然你现在也不能下床，何不就静下心来完成小说呢！”哈瑞有些不好意思，说：“我原本计划等到复查之后再提笔的。”朋友当即反驳：“复查之后？也许你还会把时间推迟到你能下床，或者是完全康复，或者是若干年后的某一天。但是，你为什么不现在就干呢！当你真正拿起笔，你会发现一切并不像你想象中的那么可怕。你完全可以现在就试试。”说完，朋友拿来纸和笔交给哈瑞，并且一直督促着他赶紧开始。

尽管写出第一句话的第一个字的确很艰难，但是哈瑞再也无处可逃，更不可能继续推脱。最终，在朋友的监督下，他成功写完了第一页，并且甚至有些迫不及待地想要进行下一页的写作。兴奋的哈瑞对朋友说："一直以来我都担心自己提笔之后会觉得无话可说，万万没想到我也会文思泉涌，我想我会排除万难，很快完成这本小说的。"

在被朋友逼着拿起纸和笔真正开始写作之前，哈瑞其实并非一直被事情耽误，更不是没有时间，只是他已经把拖延当成了习惯，因而很难打破这种习惯，也导致人生陷入无限的拖延之中。毋庸置疑，当我们想到了马上就去做，也许难免会犯错误，但是总比因为拖延最终取消行动更好，毕竟一旦取消一切行动，我们虽然避免了失败，但同时也失去了成功的可能性。

很多人都对《明日歌》耳熟能详，明日歌恰恰告诉我们，每个人都应该做到今日事今日毕。尤其是对于那些需要当即展开行动的事情，我们更应该当机立断，千万不要因为任何原因导致事情无限期地拖延下去。有些事情，马上去做也就做了，如果当时不能马上去做，错过了做事情的最佳时机，那么必然导致我们事后再也没有心情去完成或者弥补，更没有可能从持续不断的忧虑之中摆脱出来。

整理好办公桌，似乎也清洁了思绪

生活中有些人是有怪癖的，例如，有些人在心情不好的时候会选择狂吃狂喝，或者选择逛街购物血拼，甚至还会四处走走看看开阔心情。但是有些人则恰恰相反，他们在心情郁闷的时候会选择收拾自己的衣柜、桌子，甚至是办公用的抽屉。随着那些久已不用的东西被清理掉一件一件，他们的心情似乎也变得越来越好，思维也变得清晰有条理起来。难道厘理物品的好习惯真的能够帮助我们厘清思绪吗？心理学家证实，假如在心绪烦乱的状况下收拾东西，使其条分缕析、秩序井然，那么思绪也会得到相应的调整，因而变得更加神思清明。

现代社会的生活节奏越来越快，尤其是职场人士，更需要承担巨大的工作压力。尤其是当工作上遭遇困境或者瓶颈时，人们的思绪难免因此变得更加烦乱。在这种时刻，与其做一些负面消极的行为发泄情绪，不如静下心来整理好自己的办公桌，把那些许久未用的东西清理出来，把留下来的东西都进行归类整理，从而使自己心情愉悦、思维整洁。如此一来，既愉悦了自己和他人的眼睛，也整理了心情和思绪，可谓一举数得。

近来，刚刚进入公司不久的小马正处于适应期，因而每天面对纷繁复杂的工作，他都觉得毫无头绪。

一天，小马正在为了一个表格头疼呢，原来这个表格他做了半天，却发现数据都是错的，不想上司又走过来丢给他一个文件，让他按时打印出来。由此一来，小马更加焦躁不安，甚至冲动地想要辞职。然而，他还是竭力忍住了。

整个下午，小马都在埋头苦干，好不容易才把表格的数据整理好，已经精疲力竭，再也不想连夜加班做另外一个文件。为此，他放下手里所有的工作，开始调整自己。他把办公桌上和抽屉里的所有东西都清理到自己工位的地面上，然后开始一件一件地清理。不需要的就直接丢进垃圾桶，需要的就归类放好。整整一个多小时，小马终于清理完办公桌。看着整齐的办公桌，他的心情也转瞬间好转起来。等到大家都下班之后，他用了两个小时，顺利完成了另一份文件。

所谓磨刀不误砍柴工。事例中的小马之所以能够提高效率，只花了两个小时就完成了上司临时交代的工作任务，就是因为他在工作之余清理好了自己的办公桌，也厘清了自己的思绪。由此一来，他不再觉得万事都毫无头绪，更能够平复自己原本焦躁不安的情绪，由此做到心平气和地面对工作，自然效率倍增。

每个人在生活中都会遇到茫然失措、毫无头绪的情况，尤其是当很多突发的事情都集中到一个时间点爆发，或者是很多工作都积压到一起时，则更让人犹如面对一团乱麻，根本找不到绳头在哪里。在这种情况下，与其仓促地应对这些事情，不如静下心来，先通过整理物品的方式平复自己的心情，再通过整理物品来使自己思路清晰，情绪稳定，从而做到有条不紊地完成很多事情。如此一来，事情自然会得到良好的解决，一切看似艰难的处境也会随之好转。这就是整理办公桌的奇效，也许你会觉得很难相信，但是只要你真正做过一次并且从中得到预期的效果，你就会发现这对于在办公室里抓狂的你来说真的是一项绝佳的劳动，也是一次思维的清理。

有了想法，就一定要当即展开行动

在生活中，有人实现了自己的理想，拥有了成功的人生；而有些人呢，则因为各种各样的原因最终放弃了理想，导致人生一事无成。其实，每个人的客观条件都相差无几，之所以人生最终出现如此大的偏差，就是因为人们对待理想的态度和行动力不同。

能够实现人生理想的人，首先是因为他们的理想是可行的，也是能够通过努力获得成功的，其次是因为他们都有马上展开行动的决心和毅力，因而总是能够在第一时间里把理想变成现实。与他们相对应的，那些人生平庸、碌碌无为的人，并非是因为他们的理想不够远大，也不是因为他们的能力不足或者水平不够，最关键的原因在于他们没有在理想诞生的那一刻，就付出相应的行动，最终导致贻误了实现理想的最佳时机，也在无限的拖延中耗尽了自己的热情。

人是感情动物，当一个新的想法萌生之时，人们一定是满怀热情的。因而，我们必须抓住这个最富有激情的时机尽快展开行动，才能保证绝不拖延。相反，倘若我们在有了想法之后不断地拖延，最终就会导致热情耗尽，理想永远无法实现。

很久以前，有条毛毛虫做了一个奇怪的梦，它梦见自己来到了高高的山顶上，俯瞰着整个山谷，身边云淡风轻，还有美丽的花朵和青青的绿草。当它从梦中醒来之后，就开始坚持不懈地朝着山顶爬去。一只蝗虫遇到毛毛虫，问："小老弟，你这是要去哪儿啊？"毛毛虫骄傲地说："我要去山顶看风景。"蝗虫觉得不可思议，因而大声阻止毛毛虫："你疯了吗？哪怕是一个小小的水坑都会阻止你，你怎么可能到达高高的山顶呢！"毛毛虫没有理会蝗虫的阻止，继续努力朝前爬去。

它爬啊爬啊，突然，一只蜣螂问："毛毛虫，你这是要去哪儿？"毛毛虫气喘吁吁地说："我要爬到山顶，像梦里一样看到山谷的风景，看到整个世界。"蜣螂不以为然地笑着说："我这么强壮，也不敢像你这样口出狂言！你可真是不知天高地厚啊……"毛毛虫依然顽强地朝前爬去，在接下来的旅程中，它还遇到了鼹鼠、蚯蚓、青蛙等好朋友，它们纷纷劝说毛毛虫不要做无用功，不如乖乖地回到家里享福吧！然而，毛毛虫毫不动摇，它爬了很久很久，终于觉得累了，因而它为自己建造了一个小小的家——蛹。毛毛虫"死"了，闻讯赶来的朋友们全都悲伤不已，它们环绕在毛毛虫身边，想念着可爱的毛毛虫。然而，正当它们伤心欲绝时，蛹居然慢慢地绽裂开，一只美丽的蝴蝶从蛹里钻出来，拍打着翅膀，朝着高高的山顶飞去。

为了实现自己的梦想，毛毛虫从睡梦中醒来之后就开始了坚持不懈的努力。尽管它的身躯很柔弱，但是它始终朝着梦想的方向不断前进，直到力量耗尽，自己变成了一个蛹，它依然没有放弃。化蝶的毛毛虫依然坚持着自己的梦想，朝着高高的山顶飞去，这样一来，它真正实现了自己的梦想。

每个人都有自己的理想，也会有很多随时迸发出来的想法。为了把这些想法变成现实，我们必须付出艰苦的努力，唯有如此，才能真正拥有丰富多彩的人生。很多人总觉得还有时间去为梦想奋斗，也总觉得自己还没有作好准备。殊不知，梦想只有化为行动，才可能不断激励和鞭策我们。否则，即便是再好的想法，就像是刚出锅的饺子变凉了一样，也就失去了成功的最好时机。

人们常说好的想法是金点子，但即便是再好的想法，若始终停留在空想的阶段，也就变成了水中花、镜中月，完全没有可能变成现实。人生中真正的强者从不逆来顺受地等着命运的安排，而是会积极主动及时地展开行动，让自己拥有梦想成真的能力！

身体是革命的本钱，健康是一切的1

毛泽东主席曾经说，身体是革命的本钱。这句话告诉我们，在开展一切生命运动和社会活动时，我们必须保证自己拥有健康坚强的体魄，才能更加顺利地展开各项活动，否则一旦身体垮了，则任何行动都失去了现实意义，也会使我们的人生被身体所拖累，根本无法做到随心所欲，自由自在。

不但身体是革命的本钱，健康的身体还是一切的1。在现实生活中，人们受到各种欲望的驱使，为了满足自身的欲望，不但努力挣钱，还为了所谓的大房子豪车而不懈努力。殊不知，这些被我们看得很重的东西，看起来对于生活至关重要，然而如果离开健康的身体，它们就会成为过眼烟云，毫无意义。如果把健康的身体比作1，那么这些身外之物就是0。只有在身体健康的前提条件下，这无数个0才具有切实的意义。否则，这些0就会成为毫无意义的人生累赘。由此可见，假如我们为了这些身外之物放弃了健康，或者为了得到这些身外之物而以付出健康为代价，那么无疑是得不偿失，也是本末倒置。真正的明智者，人生之中目标明确，有自己的追求，同时能够清楚地意识到身体健康的重要性，因此哪怕奋力拼搏、努力奋斗，也始终把身体健康放在首位，绝不会为了那些所谓的身外之物，以损毁健康作为代价。我们伟大的领袖毛主席，之所以能够做到日理万机，日夜操持，就是因为他有健康的体魄作为支撑。即便是在条件艰苦的战争年代，毛主席承受着精神上的巨大压力，也总是以积极乐观的心态去考虑问题。毛主席不但拥有健康的身体，而且心态积极乐观，所以才能始终运筹帷幄，率领全国人民坚持不懈地进行斗争，最终赶跑了侵略者，建立了新中国。不得不说，毛主席的博大胸怀和健康体魄，是他进行伟大革命事业的坚实基础。

自从大学毕业后，出身农村、家境贫寒、在大城市里举目无亲的帅帅就开启了拼命三郎的模式。原来，帅帅从小就有个梦想，即一定要通过自身的努力，给父母创造更好的生活条件，把父母接到大城市来颐养天年。

进入公司三个月以来，正处于试用期的帅帅没有休息过一天。即便是休息日，他也主动到公司加班，还常常主动帮上司承担更多的工作任务。当三个月试用期满之后，原本和帅帅一起进入公司的十名应届大学毕业生中，只有帅帅和另外两个男孩留了下来。帅帅很清楚，暂时的胜利并不意味着什么，在职业发展的这条道路上，他还有很远很远的路要走。

接下来的日日夜夜，帅帅更加辛苦和勤奋。作为一名销售人员，他始终都坚信勤奋才能生存的理念。也因为销售业绩是与收入息息相关的，所以他为了多挣些钱支援父母，因而总是废寝忘食，有的时候连午饭都没时间吃。一年多之后，帅帅居然被破格提拔为销售部门的主管，不得不说，这与他的拼命三郎精神是密不可分的。然而，身体是禁不住长期的透支的，在有一天早晨给部门里的人开完会之后，帅帅突然口吐鲜血，晕倒过去。同事们赶紧把他送到医院去进行急救，医生最终得出结论，帅帅患了严重的胃溃疡，一则是因为工作压力巨大，二则是因为饮食没有规律。帅帅在医院里住了十几天，才渐渐恢复了健康。这次住院让他明白了一个道理：即便给父母再多的钱，假如自己有个三长两短，他们也一定无法安享晚年。上司也找到帅帅谈心："任何工作都要追求可持续性发展，毕竟工作不是一朝一夕间的事情，只有实现可持续发展，才能最终获取胜利。身体是革命的本钱，倘若身体垮了，工作再出色又有什么意义呢！"上司的话让帅帅更加意识到身体与工作之间的关系，他感慨地说："放心吧，领导，我一定会调整思路，改变工作方式，实现可持续性发展。"

事例中的帅帅为了在工作上有出色的表现，因而不顾身体健康一味地辛苦工作，最终导致自己的身体受到严重的损害，甚至还把自己折腾进了医院。殊不知，从父母的角度而言，不管儿子有没有出息，他们只希望拥有一个健康的儿子。从工作的角度来说，上司并不希望下属因为拼命工作而进入医院。毕竟，任何工作都是讲求长远发展的，上司也不希望自己辛苦培养出来的下属因为身体原因而无法工作，导致本末倒置，最终事与愿违。

归根结底，身体是革命的本钱，健康的身体更是一切0前面的1。假如没有健康的身体，不管我们拥有多少身外之物，也不管我们的人生有多大的成就，归根结底都是失败的人生，都是无法让人感到心满意足的人生。尤其是现代社会很多白领的工作压力都很大，心情越来越焦躁，导致身体处于亚健康状态。因此，我们必须多多注意锻炼身体，坚持合理运动，才能调整身体的状态，最终使身体保持健康，也使我们成为真正的人生赢家。

第15章 不停止学习和成长，人总可以变得更强

古今中外，一切有成就的人之所以能够拥有成功的人生，无一不是通过严格自律提升自我，从而使人生更加顺遂如意，也更加圆满的。归根结底，人在上进的道路上是无止境的，一个人即使拥有再大的成就，也不可能拍着胸脯说自己已经到达了人生的巅峰。即使从自身发展的角度而言，我们也应该不断超越和挑战自己，使自己变得更强大，也使自己成为真正的人生强者。要想做到这一点，对于任何人而言都必须努力学习和成长。唯有如此，我们才能在人生的道路上不断发展壮大起来，也才能够遇见最好的自己。

敢于正视自己的弱点，才能不断提升自己

所谓金无足赤，人无完人，每个人都是有优点和缺点的，一个人即使再怎么接近完美，也终究会有缺点。与此相反，一个人即使再怎么一无是处，也终究有可取之处，也有自身的优点。因而要想最大限度地发掘自身的潜力，也发挥自己的能力，我们必须正确认知自己，敢于正视自己的弱点，才能不断提升和完善自己，使自己的优点得以发扬光大，也能够适当弥补缺点导致的弱势，从而做到扬长避短。

但生活中，有很多人不敢正视自身的缺点，似乎只要对缺点避而不见，缺点就能凭空消失一般。明智的人都知道，人生也正如木桶一样，有的时候会被短板限制住，因而每个人都要正视自身的缺点，才能深刻反思自己，最终补足自己的不足之处，从而最大限度地完善自己。

看看那些成功人士的人生道路，他们在面对自身的缺点时，从未退缩，更没有放弃，而是坚定不移地进行自我激励，从而促使自己在人生的道路上不断向前，向前，再向前。生活中有些人总是与失败相伴，一生碌碌无为，平平庸庸，究其原因，就是因为他们性格怯懦，总是忽视和回避自身的缺点，最终导致人生短板无法弥补，由此也限制了自身的发展，使得事与愿违。可以说，正是由于他们畏缩不前，对自己的缺点视而不见，最终导致了自己的失败。

作为大名鼎鼎的推销员帕蒂在年轻时刚刚进入推销行业时，工作开展得并不顺利。有一天，他来到位于巴黎郊区的一所教堂，想要推销自己代理的保险。一见到教堂里的老牧师，他就开始口若悬河地介绍自己的保险，并且一一罗列购买保险的好处。然而，老牧师始终沉默着，尽管带着礼貌的微笑听他说完了话，最终却默然地说："年轻人，你丝毫没有引起我的兴趣，我甚至不想深入了解你所说的保险。我觉得，你要是想在这个行业里做出成绩，你必须首先改造自己。"帕蒂惊讶地反问："改造我自己？我有什么需要改造的呢？"老牧师笑了，说："连上帝都有缺点，更何况是你呢！直接去问问你身边的人，包括你的亲人朋友，还有你的所有客户，你一定会发现自己身上其实有很多东西需要改造。当然，你也还是有优点的，你思维敏捷，头脑清晰。假如你能够真心采纳我的建议，也按照我所说的去做，你一定会拥有与众不同的人生。"

帕蒂是一个非常谦虚的年轻人。和老牧师告别之后，帕蒂谨记老牧师的教诲，在最短的时间内就联系了身边所有的人，希望他们都能毫无保留地指出他的缺点。起初，这些人都觉得不可思议，毕竟谁愿意成为"批斗大会"的主角呢！然而，当他们看到帕蒂真诚恳切的样子时，那些和帕蒂关系亲密的人渐渐放松心中的戒备，开始畅所欲言地诉说帕蒂的缺点。后来，帕蒂还特意邀请他的那些客户们一起进餐，一边看着客户品尝他宴请的美食，一边拿着笔和本子不断地记录着客户所说的自己的缺点。如此几个月下去，帕蒂逐条改正自己的缺点，果然整个人都变得完全不一样了。在这几个月的时间里，他的成长甚至超出了此前的一切岁月。最终，谦虚上进的帕蒂成为了一名非常优秀的推销员，他的销售业绩在公司里始终名列前茅，他的整个人生也因此变得辉煌起来。

帕蒂的经历告诉我们，一个人只有勇敢地正视自己的缺点，并且怀着一颗谦虚的心不断改进自身的缺点，最终才能获得梦寐以求的成功。正如一位名人所说的，每个人最大的敌人都是自己，因而每个人只有首先战胜自己，才能最终突破自己，不断提升和超越。

当然，战胜自己的目的并非是使自己因为失败感到沮丧绝望，而是要通过对自己的征服，让自己成为一个真正充满自信、在人生路上勇往直前的人，成为命运的主宰，获得命运的馈赠。

朋友们，我们必须记住，永远避而不见的缺点只会永远存在，唯有正视缺点，我们才能对缺点进行深入剖析，也才能真正战胜缺点，使自己在人生的道路上不断成长壮大起来，成为人生真正的强者。

特立独行是展现个性，而不是排斥他人

现代社会越来越崇尚个性，和几十年前从小学教育开始就塑造统一规格的人不同，现代社会的教育从小学阶段就提倡要发展孩子的个性，从而培养个性得到充分发展的人才。从心理学的角度而言，每个人都有自己的独特个性，因而每个人也都有不同于他人的人生。由于现代新思潮的影响，越来越多的人开始崇尚特立独行，更加注重展示自身的个性。但是在此过程中，也有很多人渐渐偏离了发展个性的初衷，以为特立独行就是要猎奇，要排斥和疏远他人，只有这样才能展示自己的与众不同。其实不然。特立独行的目的是展示个性，而并非以此排斥他人，任何人都是社会中的一员，都应该使自己的言行举止符合社会的整体规范，而不能为了表现个性使自己与他人格格不入。

人是需要在群体中生活的，就像是大自然的旋律一样，任何的生物都要符合自然界的规律，与其他生物融为一体，和谐共生。否则，若我们与环境完全不相融合，变得格格不入，我们只会伤害自己。所以很多时候，个性强的人往往很难与他人友好相处，这其实是观念上的误区。现代社会每个人都要与他人分工合作，人际关系也被提升到前所未有的高度，因而我们不管

多么有个性，都要处理好人际关系，与他人和谐融洽相处，如此才能在生活和工作中得到更好的发展和成长。

年轻的时候，富兰克林意气风发，特立独行。有一次，他应邀去拜访一位老者，这位老者把约会的地点定在一座小木屋中。这座小木屋位于丛林深处，非常低矮，看起来毫不起眼。眼看着约会的时间就要到了，富兰克林很守时地来了，昂首阔步朝着小木屋走去。突然间，他的头被小木屋低矮的屋檐挡住了，他毫无防备地狠狠撞在门框上。这个情况显然出乎富兰克林的预料，因此他觉得很难堪，心中也不免生气起来。

直到这时，老者才从小木屋里走出来，看到富兰克林尴尬的样子，老者不由得哈哈大笑起来。他对富兰克林说："这就是我今天约你来这里的目的。我知道，因为毫无防备，你的头一定被撞得很疼，但正是这样的疼痛，才能给予你深刻的教训，使你进行自我反省。你必须知道，一个人要想对世事洞若观火，就一定要学会适时低头。否则，倘若你整日都昂首挺胸，只看着天，完全看不到脚下的土地，更看不到身边的人，又如何能够做到人情练达呢！"

这是一个关于富兰克林的轶事，虽然这件事情看起来很小，却给了富兰克林的人生以深刻的启迪。从此之后，他始终牢记着老者说的话，学会了低下头，谦恭地待人处事。如此谦逊的个性，使富兰克林成为一个受欢迎的人，也彻底改变了富兰克林的人生。

尽管我们都是普通人，但是我们也应该努力塑造自身的个性，让自己变成山间的一道清泉，淙淙流入人心深处，滋润人们的心田。当然，个性的改变和塑造并非一朝一夕间就能完成的，因为很多时候个性都取决于本性，所以我们必须作好心理准备，只有付出长期的努力，才能真正成功地塑造自身的个性。我们必须记住，塑造个性、展现特立独行的目的是吸引他人，而不是排斥他人，是帮助我们建立良好的人际关系，而不是使我们变得与人群格格不入。

良好的修养比渊博的学识更能加分

在通常情况下，人们依靠听教师讲授知识和阅读书籍，来不断学习进步，充实自己的心灵。然而，在现代社会，教育已经极大普及，各种各样的教育形式也层出不穷，尤其是对于那些错过了受教育年龄段的朋友们而言，即便在适龄阶段没有好好读书学习，一旦想要弥补，也是可以通过各种各样的形式继续学习的。当然，继续学习的形式并不仅仅拘泥于学习知识，也包括对自我的完善和提升修养的过程。和传统的接受教育必须在学校里学习不同，现在的人们可以多读书，或者是参加免费的讲座，还可以参加一些函授的教学等，这些都能帮助人们不断进行自我完善，从而使自己变得越来越优秀，越来越接近于完美。

从某种意义上说，和拥有渊博的知识相比，提升自我修养，是更加急迫且重要的事情。想想若干年前，学习条件特别艰苦，整个社会的学习环境都很匮乏，但人们依然坚持学习；那么如今的我们则更应该坚持学习，积极主动地完善自我。只要有心，只要能够坚持不懈，持之以恒，我们就能拥有读不完的书籍，也能够获取更多的知识。在如此成熟和完善的学习条件和学习氛围中，如果不能进步，真是让人扼腕叹息。

当然，强迫学习的效果并不好，因而一个人如果想要在学习上事半功倍，首先应该调整好自己的心态，从而做到积极主动地进行自我完善。但遗憾的是，由于现代社会也充满着各种各样的诱惑，人们总是喜欢做毫无意义的事情，像闲聊、泡酒吧、玩网路游戏、漫无目的地逛街。这些娱乐休闲活动尽管能使我们获得片刻的愉悦和宁静，但是根本无法让我们获得切实的进步，更无法有效提升我们的修养，实在是浪费时间。所以说，要想实现有效学习，要想积极主动地提升和完善自我，我们就必须产生冲动——改善自我的冲动。在这种冲动的驱使下，我们才能放弃那些漫无目的的享受，如愿以偿地实现人生的目的。

作为美国大名鼎鼎的慈善家、社会活动家和语言学家，伊莱休·波利特小时候家境并不好，而且学习环境也特别艰苦，但是他在人生的道路上不断提升和完善自我，最终才获得了成功的人生。

早在16岁的时候，伊莱休·波利特为了养活自己，为父母减轻负担，不得不来到一家铁匠铺，成了一名学徒。每天，他都必须待在铁匠铺里，有的时候白天的工作做不完，夜晚还要加班，但即便如此，他也会争分夺秒地读书。有的时候，他在吃饭的间隙看书，有的时候，他在短暂的休息时间里看书，有的时候，他会在睡前借着微弱灯光看书。总而言之，勤奋好学的他，从未放弃任何短暂的分秒时间。正是这种对知识的强烈渴望，使得他在勤奋工作之余，成功地利用零散的时间不断学习，提升自我。当时，曾经有位绅士主动要求带伊莱休·波利特去大学读书，但是被他拒绝了。他坚定不移地相信，哪怕自己每天花费十几个小时在铁匠铺里工作，也依然能够通过积极主动、争分夺秒的学习来填补人生的空白。事实证明，正是在这段时间里养成的良好的学习习惯，给予了伊莱休·波利特一生积极的影响。

对于完善自己的渴望和冲动，对于知识的强烈苛求，让辛劳的伊莱休·波利特战胜重重困难，成功扫除人生前进道路上的障碍，从而如愿以偿地充实自我，完善自我，同时激励自己不断前进，最终获得辉煌的人生。

和伊莱休·波利特相比，我们学习的条件、氛围和环境显然更好。既然伊莱休·波利特都能获得成功，我们又有什么理由放弃学习呢！在很多时候，我们之所以觉得自己不够优秀，并非因为我们真的不如别人，而只是因为我们不够勤奋。对于一颗积极上进的心而言，没有任何事情能够阻碍我们的努力，更无法让我们在学习的道路上止步不前。尤其是在职场上，现代社会知识更新的速度快得超乎人们的想象，我们必须始终保持积极学习的态度，才能不断给自己更换新鲜的血液，也才能始终拥有旺盛的生命力，面对人生的各种挑战。从这个角度而言，自我完善的能力比在适龄接受教育更重要。唯有能够自我完善的人，才能实现终身学习，也才能在任何情况下都保持学习的良好习惯。

活到老学到老，人生处处皆学问

在学习的大好时光里，很多年轻人根本没有意识到学习的重要性，反而挥霍大把大把的时间，让原本应该坐在课堂里静心学习的自己肆意狂欢，尽情玩乐。难道他们不想拥有成功的人生吗？他们当然想，只不过因为年轻，还没有意识到学习的急迫性而已。很多人都是等到人到中年，才感到工作上力不从心，生活上也不那么满意，这时才开始懊悔自己年轻时没有好好学习，尽管亡羊补牢为时未晚，但是效率却极大降低；也因为有了家庭的负累，导致他们根本不可能像年轻人那样心无旁骛地学习。幸好他们不是等到暮年时才想要学习，否则人生的失败注定他们要承担沮丧、绝望等负面情绪，也使他们的人生变得黯然失色。

现代社会，人们主张活到老学到老。我们不仅要在年轻的时候努力学习，更要在走出大学校园之后马上就开始另一种形式的学习。当然，对于学习，不仅时间上不拘泥一时，在范围上也是越广泛越好。所谓人生处处皆学问，只要我们能够抱着学习的态度，总能够从生活中得到很多启示，也会得到深刻的启发。

让人遗憾的是，生活中有很多年轻人都在普通的岗位上工作，尽管他们具有螺丝钉精神，但是未免会因为这份安逸和一成不变，导致他们对于自己的人生缺乏规划，也无法充分发掘出自身的潜力。成功的人生就是遇见最好的自己，假如我们明明能够胜任更加艰巨的任务，又何必要埋没自己呢！当然，这一切的前提条件都是主动积极地自我完善，哪怕在普通而又平凡的岗位上，我们也要秉承坚持学习的精神，把人生的优势发挥到极致，从而成就理想中的自己。

大学毕业后，林强进入现在的这家公司工作，一直以为自己凭着研究生学历，一定能够得到上司的重用和赏识。然而，在两个多月的试用期里，林强发现自己在工作上其实并没有因为高学历占据太大的优势，反而因为对于工作流程和内容不够熟悉，在很多时候不得不请教前台的文秘，才能顺利打印文件，或者是做一些表格。经过两个多月的历练，林强渐渐认清现状，再也不觉得自己是个不可多得的人才了。

有一次，老总让林强和一位经验丰富的同事一起承担一个重要的项目。在通力合作的过程中，林强始终保持低调谦和的态度，从未仗着高学历对那个同事凭着经验作出的判断产生怀疑。就这样，他们顺利完成了项目，在老总给他们开的庆功会上，林强真诚地说："我只是一个菜鸟，几乎没有任何工作经验。幸好张工一直耐心地教我，从来不因为我的各种疑问感到厌烦。可以说，张工是我走出校园的第一任老师，也正是在完成项目的过程中，我得到了比在学校学习几年的时间里更多的知识和宝贵的经验。我感谢张工，非常感谢！"这样一番真诚的话，让老总对林强刮目相看。又经过一段时间的相处，老总发现林强因为在完成项目的期间向张工学习而进步神速，由此，老总非常赏识林强这种积极进取的精神，很快就把林强当作公司的青年才俊进行重点培养。

在这个事例中，林强之所以能够博得老总的赏识，就是因为他始终怀着谦虚的态度，抓住一切机会提升和完善自己。对于刚刚从大学校园里走出来的年轻人而言，这恰恰是最宝贵的品质。也因此，林强才能获得更好的发展，职业生涯的旅途也变得更加顺利。

假如我们也能像林强一样，抓住生活和工作中的一切机会完善自己，把学习的精神发挥到极致，那么我们也一定能够取得突飞猛进的发展，进步神速。命运从来都是公平的，我们付出了什么，才能收获什么。任何人都不可能一蹴而就地获得成功，更不可能被天上掉下来的馅饼砸到。唯有怀着谦虚的态度不断努力和奋进，人生才能永远向前，向前，再向前。

如今的社会环境和学习氛围都是非常好的。只要我们怀着谦虚进取的心，人生处处都是学问，我们也完全有条件做到活到老，学到老。朋友们，就让我们从现在开始，摆正心态，积极创造和迎接美好的未来吧！

趁着年轻，给自己充充电吧

很多年轻人都有着远大的志向、伟大的抱负，急切盼望能够做出一番惊天动地的大事来，让自己的人生更加灿烂辉煌。然而，尽管他们眼界很高，却始终拖延着无法马上展开切实的行动，也因此导致自己距离人生目标越来越远，甚至为此失去人生的方向。

对于任何人而言，年轻的时光都是学习和给自己充电的好时候。所谓一分耕耘一分收获，种瓜得瓜种豆得豆，每个人都必须依靠自身的努力不断提升和完善自我，如此才能创造人生的辉煌。相反，假如年轻的时候不努力，等到年纪大了才想给自己补课，则一定会事倍功半。归根结底，每个人都无法摆脱自然规律的束缚，在年轻时，人们不但精力旺盛，理解力、记忆力等各种与学习相关的能力也都处于鼎盛时期。随着年龄的不断增长，则这些相关能力都会因为自然规律而呈现出下降的趋势，此时再逆流而上，岂不是自讨苦吃！

也许有人会说，前文不是还说要活到老学到老吗，怎么现在又说老了之后学习很费劲呢？的确，前文是说人应该活到老学到老，但是如果在年轻的时候打下坚实的基础，年老之后的学习也会变得更加轻松。相反，假如年轻时落下很多功课，年老了再学习就会成为一种费心劳神的事情，效果也不会很好。既然如此，我们为何不在对的时间做对的事情呢！趁着年轻给自己充充电，未来的人生也会变得更加轻松自如，更能够得到良好的发展，何乐而不为呢！

作为一名老师，乔丽如今已经有了十年教龄。然而，尽管她对语文教学得心应手，却始终因为作文教学的缺陷，导致她无法被评选为优秀老师，也得不到大家的认可。原来，乔丽早在读书期间就不喜欢看书，对于老师特意安排的阅读名著的学习任务，她也总是靠着抄别人的蒙混过关。尤其是对于老师布置的读书笔记，她更是从来不花费脑细胞写任何一个字，甚至连书也不翻一翻。的确，她的求学之路非常轻松潇洒，连毕业论文都是花钱找人写的。但是如今的她却因为年轻时的不努力懊悔不已，因为她不但知识面狭窄，而且根本没有丰厚的文化底蕴指导孩子们写作文。

有一次，学校领导组织听课，而且所有语文老师都必须上作文课。这可把乔丽为难死了，因为这既不好作弊，也不可能让自己的进步一日千里，凭着她那胸无点墨的现状，根本不可能把作文课上得生动出彩。就这样，乔丽的作文课上得一塌糊涂，她也因此与优秀教师绝缘。

打个比方，老师肚子里有一杯水，才能教给孩子们一滴水；老师肚子里有一缸水，才能教给孩子们一杯水。记住，教师绝不是知识的搬运工和传声筒，唯有把知识内化到自己的心灵深处，才能声情并茂地将其灌输给孩子们，滋润孩子们干涸的心田。因而语文教师看起来是个简单的工作，实际上最考验老师的综合素养和文学修养。事例中的乔丽假如能够在读大学期间多读一些名著和经典作品，如今在面对孩子们时也就不会如此尴尬了！

朋友们，一个人要想在人群中鹤立鸡群，就一定要有自己出彩的地方。生活中有很多人都因为年轻时没有努力，只能在普通的工作岗位上按部就班地度过一生，毫无创造性可言。从某种意义上而言，人们在年轻时为自己奠定的坚实基础，甚至能够影响到一生的命运。因而，朋友们，趁着还年轻，赶快打起精神来努力充实自己吧，这样我们才能抓住生命中不期而至的机会，彻底改变命运！

坚持学习，才能不断提升能力

古人云，天行健，君子以自强不息；地势坤，君子以厚德载物。这句话告诉我们，一个人要想走向成功，就必须坚持学习，而且要找到正确的方法，做到善于学习。对于现代社会的每个人而言，学习已经成为终生的课题。在这个信息大爆炸的时代，知识更新的速度非常之快，导致有很多大学生从一毕业开始，知识就已经落伍了。由此，像几十年前一样凭借着大学中的所学应付工作的局面已经不复存在了，如今的大多数年轻人一旦从大学校园里走出来，就必须马上学习，从而不断充实和更新自己的知识储备。

在现实生活中，偏偏有很多年轻人无法意识到学习的重要性，他们觉得学习使人感到痛苦，因而总是贪图享乐，只想稀里糊涂地享受人生。然而，一时的快乐必然要付出人生痛苦的代价，这就是所谓的先甜后苦。明智的年轻人不会在应该拼搏的时候选择安逸，他们很清楚暂时的努力是为了将来人生的轻松。因而他们能够认清楚自己的情况，积极主动地学习，努力提升和完善自己，也会坚持接受新生事物，让自己获得更大的信息量。这样的人生才是未雨绸缪的人生，也只有这样的人才能做到终生学习，从而避免被时代淘汰。

大名鼎鼎的画家徐悲鸿最擅长画马，在一生之中，他画了成百上千匹马，每一匹马都栩栩如生，姿态各异，也博得了人们的赞赏和喜爱。为什么徐悲鸿能把马画得这么好呢？这与他勤奋努力的学习态度是密不可分的。

在法国留学期间，徐悲鸿除了坚持日常的学习，几乎每天都会去巴黎博物院。原来，巴黎博物院里有很多画作和雕塑作品，因而徐悲鸿总是带着纸和笔，去那里进行素描练习。在此期间，他画的最多的就是马。为了节省时间，也为了准确把握马的造型，即使到了中午吃饭的时间，他也绝不放下画笔。他常常只吃一块面包，喝几口白开水，就把一顿饭搪塞过去了。当然，徐悲鸿也深知要想画好马，仅靠单纯的模仿是不可能做到的，必须在学习前人的基础上有所创新，并加入自己的思想和情绪，才能最终形成自己的独特风格，让自己笔下的马与众不同。为此，他无论去哪里，只要看到骏马，或者是有特点的马，就一定会驻足观看，有的时候还会跟在马的身后进行持续的、不间断的观察。

凭着如此认真的学习和钻研，徐悲鸿的马画得越来越好。他笔下的马线条明朗，体态强健，不仅有着灵动的气质，而且显得缥缈。很多看过徐悲鸿奔马图的人，都对那些姿态各异、气势逼人的马印象深刻。最终，徐悲鸿凭着这些活泼灵动、栩栩如生的马，从人才济济的书画界脱颖而出，拥有了自己的一席之地。

即使是大画家徐悲鸿，也需要坚持不断地学习，才能最终发挥出自己的真实水平和能力，得到他人的一致认可和赏识。其实，学习的过程就像是攀登台阶，我们只有一步一步踏踏实实地拾级而上，才能最终到达台阶的顶峰，享受一览众山小的美妙滋味。如果我们因为各种原因而放弃，进步之路也就戛然而止，人生也会因此而止步不前。

当然，学习是枯燥乏味的，也需要我们付出极大的毅力才能坚持下去。但是细心的人会发现，只要我们坚持学习，总是能够得到意外的收获和惊喜，也会得到命运慷慨的馈赠。诸如，当我们的知识累积到一定程度之后，我们的眼界和心境也会发生改变，曾经对于人和事的看法也都随之改变。这也是很多人因为知识层次不同，彼此交流不畅的原因。在通常情况下，人们只能与自己相同层次的人进行良好的交流，否则就会有障碍和隔阂。因而我们唯有不断提高自己的层次，才能让自己进入更高层次的交流之中，结识更多志同道合的朋友。由此可见，当我们觉得自身能力不足时，千万不要放任自己停滞不前。当我们继续通过学习不断进取时，不但提高了自身的能力，也把自己的生活和人际圈子提升到更高的层次，可谓一举两得。

你的核心竞争力是什么

美国大名鼎鼎的管理学家彼得，提出了木桶理论，从此让人们意识到，一只木桶能盛多少水，并非取决于木桶中最长的那块板，而是取决于最短的那块板。由此一来，我们也可以说最短的那块板决定了这只木桶的价值。木桶理论往往被运用在组织管理中，尤其是在需要很多人合作的团队里，能力最弱的人就是木桶的短板。因而要想提升整个团队的能力和水平，就必须从短板下手，才能做到卓有成效。

如今，木桶理论被运用到越来越多的领域和场合。虽然它只是一个简单的比喻，却蕴含着深刻的理论知识和内涵。但是我们需要注意的是，对于团队而言，木桶理论是很适用的，但是对于个人而言，难道我们要放弃优点，一味地只去弥补缺点吗？难道缺点得到提升之后，就一定意味着我们的整体水平和能力都上升了吗？对于个人而言，木桶理论并非完全适用。只有在我们的优点和缺点之间出现必然相关的时候，弥补缺点才能提升我们的整体水平。如果优点和缺点互不影响，那么我们更应该优先发展核心竞争力，这样才能让我们在激烈的竞争中脱颖而出，也才能帮助我们获得最强大的核心竞争力。

所谓核心竞争力，顾名思义，就是我们拿得出手的、能够与他人一较高下的能力。从这个角度来说，核心竞争力必须是我们的优势，这样才能事半功倍，也才能达到预期的效果。否则，假如只知拿出我们的短处与他人的长处作比较，一定是以我们的惨败告终。因而，发展自己的优点作为核心竞争力，是智者所为，也是最好的选择。在优点和缺点并不必然相关的情况下，也就是说当缺点并不影响我们优点的发挥时，发展优点，让优点发扬光大，成为我们的杀手锏，这才是最重要的。

朋友们，你们知道自己的核心竞争力是什么吗？要想在人才济济的公司里脱颖而出，要想给上司或者领导留下深刻的印象，得到他们的认可和赏识，提升自己的核心竞争力是最快捷有效的方法，也是聪明人一定会选择的捷径。

大学毕业后，小凡经过面试，得到机会进入这家公司工作。当时，和小凡一起进入公司的应届大学毕业生还有九个，加上小凡总计十个人。进入公司没多久，小凡就无意间得知原来等到三个月的试用期一过，公司只会留下最优秀的三个人，其他人只能结束试用走人。谁也不想再次重复找工作的艰难历程，因而小凡加倍努力，想从十个人中脱颖而出。在经过一个月的努力后，小凡发现自己并没有引起主管的注意。这时，他思来想去，决定改变思路，重新制定获胜的策略。

小凡发现，自己在这十个人中除了勤奋之外，并没有独特之处。偏偏其他人也很勤奋，这让小凡无计可施。一个偶然的机会，小凡和大学里的一个师哥说起此事，师哥马上点拨小凡："你应该发挥自己的特长啊，这样才能表现出你的不可取代。否则，勤奋也好，大学学历也好，你有的别人也都有，主管又怎么会对你刮目相看呢！"师哥一语惊醒梦中人，小凡经过慎重思考，意识到自己的特长就是能说会写。因而，当主管唠叨着还有个年终报告没有写好时，小凡毛遂自荐："主管，您把相关数据和文件给我，我来帮您写吧！"主管狐疑地看着小凡，似乎不相信眼前这个毛头小伙子能够承担起这么艰巨的任务。但是看到小凡坚定不移的目光，主管正好也的确没有时间完成报告，因而只得抱着试试看的心态把相关资料给了小凡。小凡似乎看出了主管的担心，说："放心吧，主管，我会尽快给您，这样万一您觉得不合适，也可以及时完善和更改。"听到小凡这句体贴入微的话，主管才露出了笑容。

一天之后，小凡把自己连夜写好的年终报告交给了主管，看着洋洋洒洒的五千字，主管简直不敢相信这是小凡在一天之内写好的。当看到报告内容翔实、思路清晰时，主管不由得拍案叫好。就这样，以后遇到需要动笔头的事情，主管第一时间就想到小凡。自然，小凡在三个月试用期满之后顺利留了下来，后来主管还把小凡提升为自己的助理。

在这个事例中，小凡之所以能从十个新进职员中脱颖而出，就是因为他充分展示了自己的特长，这也让主管意识到小凡是不可或缺的，更是不可替代的。由此一来，小凡自然能够如愿以偿地留在公司，还因此被提升为主管的助理，可谓意外的惊喜。

现代社会人才济济，大学生也不再像几十年前那样稀缺，因而每个人从走出大学校园开始，很有可能开始面对失业的局面。所谓物竞天择，适者生存，每个人要想在这个社会上站稳脚跟，就必须尊重竞争的本质，符合竞争的规律。凡事都是有利有弊的，竞争也像是一把双刃剑，既会淘汰人才，也能够激励人才，让人在残酷的竞争中不断进取，提升和完善自我，从而出类拔萃。归根结底，我们要想在诸多人才中崭露头角，就必须把自己的优点发扬光大，使其成为我们的核心竞争力，这样才能让我们如愿以偿地达成所愿，获得成功。

参考文献

[1]蔡怡璇.转念：每个起心动念，都是改变人生的引信[M].北京：中国华侨出版社，2013.

[2]张一驰.相信自己，你比想象的更勇敢[M].北京：中国商业出版社，2016.

[3]何亚歌.我比谁都相信，奋斗才能改变自己[M].北京：中国华侨出版社，2016.

[4]凡禹.改变，成为不可能的自己[M].江西：江西人民出版社，2016.